柔性加工时间自动化制造单元调度理论与方法

雷卫东　车阿大　著

机 械 工 业 出 版 社

本书比较全面地介绍了柔性加工时间自动化制造单元调度问题的国内外研究现状和发展，详细阐述了该类问题的产生背景、基本概念、主要类别、结构特性以及相关理论；介绍了基于量子进化算法的单目标和多目标柔性加工时间自动化制造单元调度优化算法；介绍了结合柔性加工时间自动化制造单元可重入调度问题、流水车间调度问题的性质特征设计的分支定界算法；介绍了柔性加工时间自动化制造单元多工件混流调度、多机器人调度优化的混合整数规划法。本书的研究成果可为电子产品制造企业和机械制造企业的生产运作与管理工作提供有效的理论与技术支撑。

本书可供管理科学与工程、机械工程等专业领域的研究者和工程技术人员阅读，也可作为上述相关专业的高年级本科生和研究生的教材与参考书。

图书在版编目（CIP）数据

柔性加工时间自动化制造单元调度理论与方法 / 雷卫东，车阿大著. —北京：机械工业出版社，2022.1

ISBN 978-7-111-69897-5

Ⅰ. ①柔… Ⅱ. ①雷… ②车… Ⅲ. ①柔性制造系统—自动化—研究 Ⅳ. ①TH164

中国版本图书馆 CIP 数据核字（2021）第 261041 号

机械工业出版社（北京市百万庄大街 22 号　邮政编码 100037）

策划编辑：常爱艳　　　责任编辑：常爱艳

责任校对：张　征　王明欣　封面设计：鞠　杨

责任印制：郜　敏

北京富资园科技发展有限公司印刷

2022 年 3 月第 1 版第 1 次印刷

169mm×239mm • 11.25 印张 • 1 插页 • 201 千字

标准书号：ISBN 978-7-111-69897-5

定价：59.80 元

电话服务　　网络服务

客服电话：010-88361066　　机　工　官　网：www.cmpbook.com

010-88379833　　机　工　官　博：weibo.com/cmp1952

010-68326294　　金　书　网：www.golden-book.com

机工教育服务网：www.cmpedu.com

前　言

电子产品制造业和机械制造行业已成为我国重点鼓励发展的产业，是支撑经济发展和保障国家安全的战略性和基础性产业。作为一类先进制造系统，自动化制造单元的最显著特征是受计算机控制的物料搬运机器人负责生产过程中所有工件（或物料）的搬运作业任务，具有生产效率高、人工成本低等众多优势。因此，自动化制造单元不但在半导体集成芯片制造和印制电路板电镀处理等高新电子产品制造业中得到了日益广泛的应用，而且还广泛应用于汽车制造、航空航天以及钢铁冶炼等众多现代制造业中。有效地调度物料搬运机器人，在提升制造单元生产效率、缩短产品交货期、保证企业的市场竞争力等方面起着至关重要的作用。

自从 20 世纪 80 年代起，国内外学者就对自动化制造单元的调度与控制问题进行了研究。针对给定加工时间的自动化制造单元调度问题，国内外已有大量的研究成果，笔者也进行了相关研究。然而迄今为止，国内外关于柔性加工时间自动化制造单元（以下简称柔性自动化制造单元）调度优化的研究成果还相对较少。柔性自动化制造单元调度问题是典型的 NP 难题，因而该类调度问题具有较高的学术研究价值和实用价值。

笔者近年来围绕自动化制造单元调度建模、优化算法设计等问题进行了广泛而深入的研究，主持了多项科研项目。以此为基础，笔者对各类型自动化制造单元调度中涉及的关键技术进行了研究，取得了一批重要的理论成果。本书在总结这些成果的基础上，系统、全面地介绍了柔性自动化制造单元单/多目标调度、可重入调度、混流调度、多机器人调度等一系列典型的优化问题及其数学建模、问题结构特性分析、智能调度优化算法设计和分支定界算法设计等内容，希望为柔性自动化制造单元调度问题的解决提供新的思路、借鉴以及参考。

本书主要内容来源于笔者及研究团队的研究成果，在此向参与课题研究的全体博士生和硕士生表示衷心的感谢。笔者在本书的完成过程中参考了大量的文献资料，在此谨向这些文献资料的作者表示衷心的感谢；若有遗漏，敬请各位专家和读者谅解。

本书的研究工作得到了国家自然科学基金（71871183）、教育部人文社科基金

（19YJC630069）、中国博士后基金（2017M623331XB）、陕西省博士后基金（2018BSHEDZZ87）以及陕西省科技计划（2020JQ-759，18JK0511）等项目的资助，在此表示由衷的感谢！

自动化制造单元的调度问题是运筹与管理领域的热点研究问题之一，相关理论和方法也处于快速发展之中。由于笔者水平有限，本书许多内容还有待完善并需要做进一步的研究，同时书中的缺点和错误也在所难免，敬请各位专家和广大读者批评指正。

雷卫东　车阿大

目　录

第 1 章

绪论

1.1 引言

自二十世纪七八十年代起，随着自动化技术的不断发展和进步，在欧美等一些发达国家，自动化制造单元在印制电路板制造和半导体集成芯片制造等电子产品制造行业逐步得到研究和应用[1]。目前，各种类型的自动化制造单元已普遍应用于汽车制造、航空航天、印制电路板制造、半导体集成芯片制造、医疗器械以及钢铁冶炼、食品加工等众多行业中。随着我国电子产品制造产业规模的不断扩大，大多数企业都面临着国际竞争日益激烈、人工成本日益上涨等难题。国外发达国家工业实践表明，先进自动化制造单元的引入和应用，不但可以节约大量人工成本，降低工人劳动强度，而且能够提高生产效率和产品质量，形成强有力的竞争优势。

相比传统的制造单元而言，自动化制造单元有着众多无可比拟的优势[1]。首先，在传统制造单元中，由于经过一定时间或者一定强度的劳作后，工人的体力和精力都会有所下降，这可能会对生产效率和产品质量产生较大的干扰和影响。然而在自动化制造单元中，由于机器人负责生产过程中所有工件的装载、卸载以及运输任务，相较工人而言，机器人运行更稳定（在此假定机器人不会发生故障）。换言之，自动化制造单元中的机器人能够根据计算机控制指令精确及时地执行工件或物料的装载、卸载以及运输任务而不受任何人为因素干扰，因而同一批次的产品质量一致性更高，产品合格率更高。另外，工人在工作一定时间后，需要休息以补充精力和体力，而机器人只要不发生故障，就可以不间断地进行物料搬运工作，这将极大地提升生产系统的整体效率。综上所述，自动化制造单元可以带来更高的生产效率和产品合格率。

其次，在一些有特殊加工工艺要求的情况下，制造单元中的工人不得不暴露在有毒或有害化学品以及高温的工作场所之中，长时间的劳作会对工人的身体健康产生极大的危害，甚至对工人的生命安全造成威胁。相比而言，自动化制造单元能够避免使工人暴露在危险的工作场所之中，从而极大地提高了工人的劳动安全系数，有效保障工人的生命安全。

最后，生产过程中存在大量的高频率、重复性、枯燥的工件或物料搬运任务，这些都会增加工人的劳动强度。相比工人而言，由计算机控制的物料搬运机器人不但能够适应各种不同类型的工作场所，还能够高效地完成大量高频率、重复性、枯燥的工件搬运任务。

综上所述，作为未来先进制造业的发展方向，自动化制造单元的最本质特征是应用计算机控制的物料搬运机器人来执行生产过程中工作站之间的工件搬运作业任务，其规模介于单机制造与大型的柔性制造系统之间，更加适应多品种、小批量的生产模式[2]。如何有效地对机器人搬运作业顺序进行优化与调度，对于自动化制造单元的整体运行效率和产品质量等方面至关重要。此类调度问题通常被称为自动化制造单元调度问题[3-7]。与传统的流水车间（Flowshop）和作业车间（Jobshop）调度问题相比，自动化制造单元调度问题要更加复杂，这是因为机器人作为物料搬运设备被所有工件所共享，通常是整个生产系统的“瓶颈”资源。此外，自动化制造单元调度问题不仅涉及多种类型工件的加工顺序排序问题，而且还涉及机器人搬运作业的排序问题。Livshit 等人[8]以及 Lei 和 Wang[9]先后分别证明了具有多个工作站和一个物料搬运机器人的自动化制造单元周期性调度问题为完全 NP 难题。

1.2 柔性自动化制造单元调度概述

如前所述，由于实际应用场合的不同，在经典英文文献中，研究者对自动化制造单元调度问题也有着不同的叫法，如面向半导体芯片制造、印制电路板电镀处理等行业的自动化制造单元调度问题被称作 Hoist Scheduling Problems（HSP）[10]，面向机械制造、钢铁冶炼、食品加工等行业的自动化制造单元调度问题被称作 Robotic Cell Scheduling Problems（RCSP）[11]。但是从数学模型的角度来看，它们实际上属于同一类调度问题。本书以上述不同应用场合为选题背景，提炼出通用的柔性加工时间自动化制造单元调度问题（以下简称柔性自动化制造单元调度问题），并对其共性的基础性问题进行研究。为便于理解，本书接下来以印制电路板电镀、半导体芯片制造等行业为例，阐述柔性自动化制造单元调度问题。

电镀是现代制造业中必不可少的一种加工工艺，其主要作用是改变或增强物件的表面属性，以满足物件在耐腐蚀性、反光性、导电性、耐磨性以及色泽等方面的特殊要求。在印制电路板制造行业，自动化制造单元应用得最早也最广泛，自动化水平也是最高的。通常情况下，电镀工艺过程一般分为三个阶段，即预处理阶段、电镀阶段和后处理阶段。一般情况下，预处理阶段包括抛光、脱脂除油、除锈以及活化等不同工序，其作用是得到良好的镀层；电镀阶段就是把物件放入主镀工作站上进行电镀，在一定的镀液浓度、温度及电流密度等条件下，对物件进行一定时间的碱性或酸性镀锌、镀铜、镀镍等过程。在完成电镀以后还要进行后处理，主要包括冷热水清洗和干燥、钝化等工序，以便提高或增强物件的防护性、抗氧化性等[1]。

如图 1-1 所示，一个典型的面向 PCB 电镀处理的直线式自动化制造单元通常由工件的装载站和卸载站（注：二者可以是同一个设备，放置在制造单元的前端，也可以是两个不同设备，分别放置在制造单元的前端和末端）、多个排成一行的工作站以及多个由计算机控制的物料搬运设备（中文名称通常为机器人、吊车或者天车，本书统称为机器人）组成[2-4]。具体地讲，在每个生产周期开始时刻，工件由装载站进入到制造单元，在完成一系列的加工处理工序后，最后通过卸载站离开制造单元。每个工作站代表某一种特定的加工工序。在整个生产过程中，工作站之间的所有工件搬运任务都由沿着制造单元上方轨道上行驶的机器人按照计算机指令来执行。

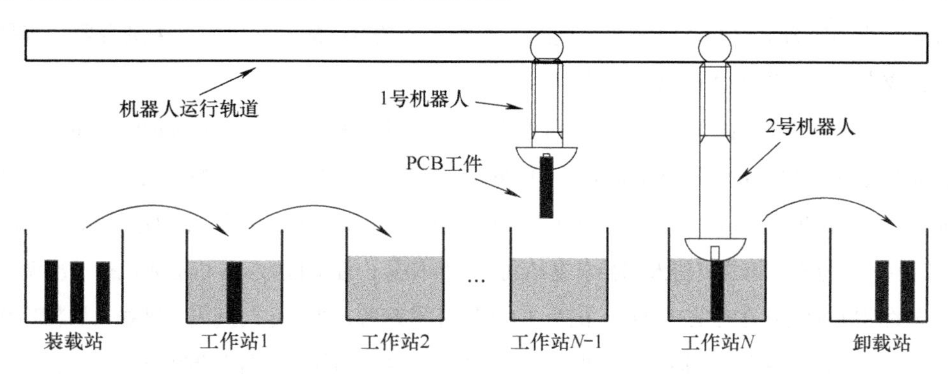

图 1-1　PCB 电镀行业的自动化制造单元示意图

综上所述，本书所研究的柔性自动化制造单元调度可概述如下[12-17]：如图 1-1 所描述，自动化制造单元由 N 个工作站与多个物料搬运机器人组成，每个工作站对应一个处理工序。此外，装载站与卸载站分别放置在制造单元的前端与末端。生产过程中的工件卸载、装载及搬运任务全部由物料搬运机器人负责完成。根据工艺流程，每个工件由装载站进入制造单元后，按照自己的工艺流程在各个工作站上进行加工处理，最后在完成所有处理工序后通过卸载站离开制造单元。由于加工工艺的独特性，工件在某一工作站完成处理后，需要被立即运送到下一工序进行后续处理，如果在空气中暴露时间过长，会直接影响后续工序的处理效果。因此，工作站之间没有设置任何缓冲设施。由此可知，一旦工件在某一个工作站上完成处理任务后，必须由机器人立即搬运至下一个工序工作站进行处理。也就是说，每个进入制造单元的工件要么正在工作站上进行处理，要么处在机器人的搬运过程之中。

此外，由于工艺流程要求，工件在每个工作站的处理时间不是一个固定值，而是在某一个上下界内柔性变化的。如果工件在工作站上的实际加工处理时间超出了规定的加工时间上下限，将会产生废品。此项加工时间限定通常被称为**柔性加工时间约束**。每个机器人一次只能搬运一个工件，并且要确保拥有足够的空驶时间来执行两项相邻的搬运任务，这称为**机器人搬运能力约束**。此外，由于机器人之间不能越过对方，并且相互之间在空驶或者工件搬运过程中不能发生碰撞，即相互之间要有一定的安全距离，这称为**多机器人碰撞避免约束**。再者，因为加工处理能力有限，每个工作站在每个时刻最多只能处理一个工件。换言之，假如在 t 时刻，工件 k 正在工作站 i 中进行加工处理。工件 $k+1$ 若要进入工作站 i 进行加工处理，则必须要命令机器人先将工件 k 搬离，这称为**工作站加工能力约束**。综上所述，对于柔性自动化制造单元调度问题来说，任何一种机器人搬运作业顺序方案只有同时满足上述四类约束才会是可行的调度方案，否则会导致废品产生或者调度方案无法被执行[13,14]。

自动化制造单元的运行方式通常可分为两类：周期性模式（Cyclic Production Mode）和非周期性模式（Non-cyclic Production Mode）。这两种运作模式各有利弊。在大批量生产环境下，为简化生产管理，大多数自动化制造单元都采用周期性的运作模式。换言之，每隔固定时间，制造单元上的机器人都会重复相同的工件搬运作业调度方案。机器人执行一次调度方案的时间间隔就称为生产周期（记为 T）[15]。不难理解，在一定时间内，机器人从装载站搬走的工件数量越多，制造单元的生产效率就越高。由此可知，机器人调度方案对制造单元的运行效率有着至关重要的影响。图 1-2 给出了自动化制造单元周期性调度示意图。

由图 1-2 可以看出，在周期开始时刻（即 0 时刻），机器人首先将一个工件从装载站 0 搬运并卸载至工作站 1 上，然后空驶到工作站 2，将其加工完成的工件搬运并卸载到工作站 3 上。在工作站 3 上的工件完成加工之后，将其搬运至卸载站 0 上。接下来，机器人从卸载站 0 空驶到工作站 1，将其加工完成的工件搬运并卸载至工作站 2 上。至此，机器人已完成当前生产周期内的所有搬运作业任务，需要返回到装载站 0。接下来，机器人会按照上述搬运作业顺序，周期性地重复这样一组搬运作业，这样的调度模式称为周期性调度。

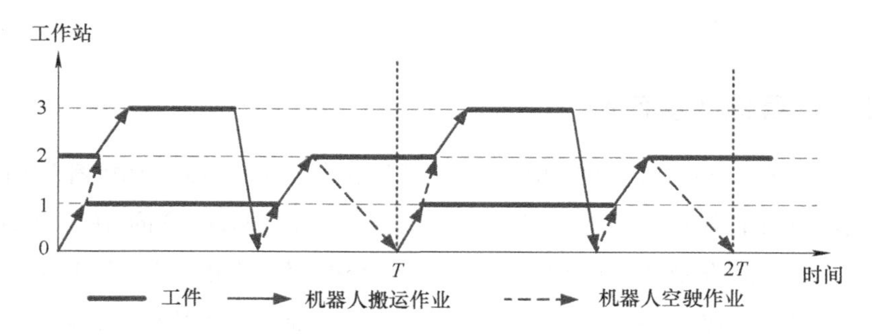

图 1-2 自动化制造单元周期性调度示意图

机器人完成图 1-2 中这样一组周期性搬运作业任务的时间就是生产周期 T。不难理解，最小化生产周期 T，就可以直接提高制造单元的生产效率。在此需要指出的是，在自动化制造单元非周期性调度中，机器人执行搬运作业任务的过程与周期性调度过程相同，但是机器人搬运作业的执行不再是重复性的、周期性的。

目前，许多国内外学者对最小化生产周期条件下的自动化制造单元单目标调度问题进行了深入而广泛的研究。不难理解，自动化制造单元单目标调度问题本质上是实际生产决策的一种理想化模型，在应用中有一定的局限性。以印制电路板电镀行业为例，各国政府对此类企业的水耗、能耗及污染物排放量有着严格的规定，违反规定就会受到惩罚。工件在工作站上的实际处理时间越短（假定满足柔性加工时间约束的前提下），企业的生产成本和环境污染处罚也就越小。由此可知，在满足柔性加工时间约束的前提下，如何优化与确定工件在工作站上的实际加工时间，对于降低自动化制造单元的运行成本至关重要。因此，企业管理者在进行实际生产调度方案决策时，不仅要考虑最小化生产周期，通常还必须考虑最小化生产成本与废品率等其他各种类型的目标，实际上面临的是多目标调度优化问题。

1.3 柔性自动化制造单元调度问题的分类

自 20 世纪 70 年代起，国内外许多学者对自动化制造单元中出现的各种不同类型调度问题进行了比较深入的研究，以此为基础，在国内外学术期刊及国际会议上发表了大量学术论文，为实际生产计划调度与优化方案的制定提供了坚实可靠的理论与技术支撑。根据优化目标、工件类型以及物料搬运机器人的数量不同，自动化制造单元调度问题可简要分为以下几个类别。

1.3.1 单目标调度问题

自动化制造单元单目标调度问题的优化目标函数是找出一组最优的机器人搬运作业顺序方案以实现最小化生产周期或最小化最大完工时间（Makespan）的目的。在20世纪70年代以前，自动化制造单元的生产计划调度与优化方案主要依赖于经验丰富的工程师通过手工计算来制定。这种方式不但费时、工作量大，而且不能保证在合理时间内获得问题的最优解。随着电子计算机的普及，学者们转而通过为所研究问题建立数学模型并设计特定的调度算法，然后利用编程语言编制相应的求解算法或调度方法，最后在计算机上运行算法以求解数学模型，进而快速地获得所研究问题的最优解或高质量近似最优解，代表性的研究成果有：Phillips 和 Unger[10]首次为具有柔性自动化制造单元单机器人单工件调度问题建立了第一个混合整数规划（Mixed Integer Programming，MIP）模型，并在电子计算机上使用基于分支定界算法的优化软件包（IBM MPSX/MIP）对所建立的混合整数规划模型进行求解，最后应用实际自动化制造单元实例对所提出的混合整数规划模型与调度算法进行了验证。测试结果表明，作者所提出的混合整数规划方法能够在合理时间内求解完毕实际工业案例，并且获得了测试实例的最优解。该实例来自于西屋电气公司（Westinghouse Electric Corporation）的一条共有13个工作站、1个物料搬运机器人的自动化PCB电镀制造单元。该案例后来成为这一研究领域的标准测试案例，通常也称为P&U案例。

众所周知，如何选取分支变量以及对子问题进行分支是决定分支定界算法运行效率的关键。因此，Chen 等人[12]为此类调度问题建立了线性规划模型并提出了一种更为高效的分支定界算法。该分支定界算法由两个不同的搜索树A和B组成，其中分支定界树A用来枚举在周期开始时刻工件在工作站上的分布状况，分支定界树B主要用来枚举工件分布状况已知情况下相应的机器人搬运作业顺序方案。此外，作者还通过所建立的数学模型推导出制造单元中在制品（Work-In-Process，WIP）的最大个数，用以降低算法的搜索空间。最后，使用五种基准案例对所提出的算法进行了验证与评价。实验结果表明，所提出的算法能够得到问题的最优解，并且比现有文献中报道的方法都要快得多。此外，

Shapiro 和 Nuttle[14]为上述相同类型调度问题建立了解析数学模型，并在对问题进行系统分析的基础上，设计了基于枚举机器人搬运作业顺序的分支定界算法（Branch-and-Bound Algorithm）来进行求解。在分支定界树中，每个分支节点对应着求解一个线性规划（LP）子问题。最后，作者使用 FORTRAN 语言编码实现了所提出的分支定界算法，并在 IBM 3081 计算机上应用五种不同类型的实际生产案例（即 P&U 实例、镀锌实例、镀铜实例及两种黑色氧化处理实例）对所建立的模型和分支定界算法进行了验证。实验结果表明，与经验丰富的工程师相比，作者所提出的分支定界算法能够在更短时间内获得更高质量的解（即最优生产周期）。

随后，Armstrong 等人[18]也提出了一种类似的基于枚举机器人搬运作业顺序的分支定界算法。与 Shapiro 和 Nuttle[14]所提出的分支定界算法的不同之处在于，每个非叶子分支节点不是求解一个线性规划子问题，而是直接计算机器人按已知的搬运作业路线执行作业所需的最短时间跨度（Minimal Time Span），并将其作为目标函数的下界值，用来判定接下来的分支搜索过程，以提高整体分支搜索效率。最后，在叶子分支节点（即已获知完整机器人搬运顺序方案），如果所有的搬运作业开始时间没有在上述分支搜索过程中得以确定，则通过求解一个基于已知作业顺序的线性规划问题来获知。在算法测试环节，作者使用了上述五种典型实例（即 P&U 实例、镀锌实例、镀铜实例及两种黑色氧化处理实例）和大量随机生成算例对所提出的分支定界算法进行了验证。测试结果表明，在求解时间方面，作者所提出的基于数值计算的分支定界算法要比线性规划方法更快。

由于工件的实际加工时间可在加工时间上下界内任意变化，Yan 等人[19]以工件实际处理时间为决策变量，用禁止区间法（Method of Prohibited Intervals，MPI）建立了问题的数学模型，从而将问题转换为对一系列与生产周期 T 有联系的区间的枚举，并设计了特定的分支定界算法。基准案例和大量随机算例测试结果表明，作者所提出的算法要比 Shapiro 和 Nuttle 的分支定界算法及混合整数规划法更加高效。

由于此类调度问题已被证明为完全 NP 难题，上述精确算法（即混合整数规划法、分支定界算法）通常只能求解较小规模的问题。对于大规模的此类调度问题，研究者们转而寻求开发元启发式算法等智能型调度方法进行求解，以便能够在合理时间内获得问题的满意解或高质量的近似最优解。在这方面，Lim[20]首次设计了基于机器人搬运作业顺序编码的遗传算法对上述调度问题进行求解，并使用 P&U 实例对所提出的算法进行了测试。实验结果表明，Lim 提出的遗传算法可以获得问题的最优解。

不难理解，上述基于机器人搬运作业顺序的编码方式在初始种群产生和交叉变异过程中，特别容易产生大量不可行个体，从而造成算法陷入局部最优。为了克服上述缺点，晏鹏宇等人[21]提出了基于机器人搬运作业排序编码方式的改进遗传算法。该算法以有限的工作站个数作为染色体搜索空间维度，缩小了问题的搜索空间。基准案例和随机算例测试结果表明，作者所提出的改进遗传算法在解的质量和搜索效率等方面均优于 Lim 提出的遗传算法。此外，针对传统遗传算法在求解此类调度问题时容易出现冗余迭代、收敛缓慢等问题，李鹏和车阿大[22]将混沌搜索技术引入遗传算法，利用混沌运动搜索精度高、遍历性好的特点来提高传统遗传算法的收敛速度和优化质量。以此为基础，为相关调度问题提出了混沌遗传调度算法，并以典型实例对提出的算法进行了验证。此外，也有学者提出了基于遗传模拟退火算法、量子进化等不同类型的启发式或元启发式调度方法[23,24]。

为了降低上述调度问题的求解复杂性，也有学者研究了给定机器人搬运作业顺序条件下的不同类型自动化制造单元调度问题。例如，Lei[25]为此类周期性调度问题提出了一种基于数值计算的调度算法，时间复杂度为 $O[N^2\log(N)\log(M)]$，其中 N 表示制造单元中的工作站数量，M 表示生产周期上下界内整数的数量。此后，Ng 和 Leung[26]则研究了机器人搬运作业时间可变的此类调度问题。作者首先为所研究问题建立了数学模型，并以此为基础，着重分析了最优解的一些性质特点；并在此基础上，提出了基于生产周期可行性检验的二分搜索算法（Binary Search Algorithm）。

1.3.2 多目标调度问题

如前所述，自动化制造单元的单目标调度模型只是实际生产管理的一种简化形式，企业生产管理人员在制订生产计划安排时不仅要考虑最大化生产率，还要考虑最小化生产成本、最小化拖期量及最大化产品合格率等多种不同的目标，因而事实上面临的是多目标调度优化问题。因此，近年来，自动化制造多目标调度问题引起了国内外学者的关注，也成为管理科学及运筹学领域的热点研究问题。

Xu 和 Huang[27]对最小化生产周期和最小化污水排放量下的单机器人自动化制造单元双目标调度问题提出了一种两阶段优化算法。为降低问题求解的复杂性，在第一阶段使用图论方法获得问题的最优调度方案（对应一个最优生产周期）；在第二阶段将上述阶段获得的最优生产周期作为约束条件，求解以最小化污水排放量为目标的单目标调度问题；最后应用实际案例对所提出的两阶段双目标优化算法进行有效性验证。Kuntay 等人[28]也为最小化生产周期和最小化自来水、化学品的消耗总量的单机器人自动化制造单元双目标调度问题提出了类似的双层优化算法。在第一阶段优化中，只求解以最小化生产周期为目标的单目标调度问题；然后在第二阶段中将上述优化结果作为约束条件，使用动态优化方法求解以最小化自来水和化学品消耗总量为目标的调度问题。

此外，Subai 等人[29]研究了最小化生产周期和生产成本的双目标调度问题。通过对问题进行详细分析，建立了生产成本为工件实际处理时间的非线性函数，并提出了双层优化算法。首先在第一层优化中求解以最小化生产周期为目标的单目标调度问题；然后在第二层优化中，将获得的最优生产周期作为约束条件，求解最小化生产成本为目标的调度问题；最后使用 AMPL 编程语言结合优化软件 MINOS 编制了所提出的两阶段优化算法，并应用 P&U 实例等进行了有效性验证。

由于自动化制造单元调度问题为完全 NP 难题，上述两阶段顺序优化算法只能求解小规模优化调度问题，且通常只能获得少量的 Pareto 解，因而并不适用于通用的多目标调度问题。

最近，Feng 等人[30]研究了具有非欧氏距离的单机器人自动化制造单元双目标的调度问题，目标函数为同时最小化生产周期和总的机器人空驶时间。他们首先为此类调度问题建立了混合整数规划模型，然后通过加入一些有效不等式，使模型变得更加紧凑，降低了问题的求解复杂性。其次，提出了基于迭代ε约束法的双目标调度方法对所建立的模型进行求解。最后，使用 C++语言结合优化软件 CPLEX 编制了求解算法。基准案例和大量随机算例测试结果表明，作者所提出的多目标调度方法能够在合理时间内获得问题的完整 Pareto 解集。

此外，Che 等人[31]研究了同时最小化生产周期和最大化调度方案鲁棒性的自动化制造单元双目标调度问题。首先，依据问题特性，提出了机器人调度方案鲁棒性的定义和量化方法。以此为基础，建立了最小化生产周期和最大化鲁棒性的双目标混合整数规划模型。其次，通过数学分析证明了生产周期为调度方案鲁棒性的严格单调递增函数，因此将原双目标调度优化问题转换为给定鲁棒性条件下最小化生产周期的单目标调度优化问题。再次，通过对数学模型进行分析，推导出了鲁棒性和生产周期的下界和上界，并应用优化软件 CPLEX 求解对应的单目标优化问题。最后，使用基准案例和随机生成算例对所提出的模型与方法进行了有效性验证。

上述文献研究的都是周期性生产模式下自动化制造单元多目标调度问题，此外也有学者研究了非周期性生产模式下自动化制造单元多目标调度问题。例如，Fargier 和 Lamothe[32]首次对双目标自动化制造单元动态调度（Dynamic Scheduling）问题进行了研究，目标函数为最小化最大完工时间和最大化产品合格率。在生产过程中，假定工件到达装载站的时间是完全随机的，且系统中只有 1 个物料机器人负责所有工件的搬运任务。作者为所研究的双目标动态调度问题建立了线性规划模型，并使用模糊集（Fuzzy Sets）方法对产品质量进行建模与评价，以此为基础开发了基于模糊评价的决策支持方法进行求解，用以快速获得一组均衡解。

此后，Mak 等人[33]为具有并行工作站和可重入工作站的多机器人动态调度问题提出了基于知识仿真系统的调度方法。研究问题的目标函数为最大化生产率和最小化废品率。为尽可能地确保在制品的产品质量（即柔性加工时间约束不会被破坏），作者提出了一种启发式规则来确定新工件进入生产系统的时间。在机器人搬运作业调度方面，作者提出了 7 种不同的机器人搬运作业动态分配规则，分别是机器人最近优先分配原则（Nearest Hoist First，NHF）、工作站平均分配原则（Average Tank Assignment，ATA）、机器人作业区域分配原则（Average Hoist Assignment，AHA）、机器人作业临界区域动态分配原则（Boundary Shift by Job Location，BSJL）、改进工作站平均分配原则（Modified Average Tank Assignment，MATA）、改进机器人作业区域分配原则（Modified Average Hoist Assignment，MAHA）以及改进机器人作业临界区域动态分配原则（Modified Boundary Shift by Job Location，MBSJL）。实际案例测试结果表明，所提出的机器人作业调度规则 MAHA 和 MBSJL 要优于其他五种分配规则。

Jegou 等人[34]研究了双目标多机器人自动化制造单元反应式调度问题（Reactive Scheduling Problem），目标函数为最小化次品率和最大化生产率。他们为此类调度问题提出了基于多智能体系统的多目标调度方法。其中，装载时间决策系统（Input Date Decision System，IDDS）用来优化和确定新工件何时进入制造单元进行加工处理；机器人调度系统（Hoist Assignment System，HAS）使用竞拍机制（Auction Mechanism）分配搬运作业给不同的机器人并优化机器人搬运作业顺序。最后使用基准案例对所提出的调度方法进行了有效性验证，实验结果表明，作者所提出的多智能体调度方法要优于机器人启发式调度规则（NFR、ARA 及 BSJL）。

1.3.3 多工件调度问题

多工件调度问题主要分为多度调度和多工件混流调度问题。在上述研究成果中，每个生产周期内，只有 1 个工件进入和离开制造单元，这通常称为自动化制造单元单度调度问题，其中“度”指的是工件数量。在每个生产周期内，若有多个同类型工件进入和离开制造单元，则称为多度调度问题[35]；若有多个不同类型工件进入和离开制造单元，则称为多工件混流调度问题[38~40]。由上述可知，多度调度问题实际上是多工件混流调度问题的特例（即工件相同）。不难理解，多度或多工件混流生产方式通常要比单度生产方式具有更高的生产效率，这方面的代表性研究成果如下。

在多度调度问题研究方面，Che 等人[3]为相关调度问题提出了高效的分支定界算法，并和混合整数规划法等方法进行了比较。此外，Zhou 等人[5]为多度周期调度问题建立了通用的混合整数规划模型，并使用优化软件 CPLEX 进行求解。Lei 和 Wang[15]对此类调度问题提出了基于计算数值不等式的分支定界算法。Spacek 等人[35]为此类调度问题提出基于最大−最小 Petri 网模型的调度方法。Kats 和 Levner[36]则为给定机器人搬运作业顺序条件下的两度调度问题提出了时间复杂度为 $O(N^4)$的多项式调度算法，其中 N 为工作站数量。随后，Li 和 Fung[37]进一步扩展了 Zhou 等人[5]的研究成果，研究了具有可重入工作站的多度周期调度问题，建立了此类混合整数规划模型，并使用优化软件 CPLEX 进行求解。

另外，也有学者对自动化制造单元多工件混流调度问题进行了研究，此类调度问题不仅涉及机器人搬运作业排序问题，还涉及工件加工顺序排序问题，因而要比上述多度调度问题更加复杂。Lei 和 Liu[38]首先为两种不同工件类型的混流调度问题提出了分支定界算法。此后，Amraoui 等人[39,40]与 Zhao 等人[41]为此类混流调度问题提出了混合整数规划方法。Amraoui 等人[42]为多工件类型调度问题建立了线性规划模型并利用遗传算法进行求解。此外，为降低此类调度问题的求解复杂性，Kats 等人[43]为给定机器人搬运作业顺序下的多工件混流调度问题提出了时间复杂度为 $O(N^4)$的多项式调度算法，其中 N 为工作站数量。此外，考虑到一些实际因素，通过扩展基本的自动化制造单元调度问题形成了新的调度问题，比如，Liu 等[44]、Zhou 和 Li[45]为具有可重入工作站和并行工作站的自动化制造单元调度问题提出了混合整数规划方法。Ng[46]则为相关调度问题开发了有效的分支定界算法。

此外，由于非周期性生产模式（Non-cyclic Production Mode）通常也有一定的优势，许多学者也对最大化生产率下的自动化制造单元多工件混流调度问题进行了研究，代表性的研究成果主要有：Yih[47]为单个工件任意时刻到达情况下的多工件混流调度问题提出了两阶段启发式调度算法。在第一阶段，在新工件到达制造单元后，合理确定其进入制造单元的时间，以保证工件进入制造单元后各工作站之间加工处理作业不会冲突。第二阶段，适时调整新工件进入系统的时间或者在柔性加工时间内改变新工件的实际加工时间，以保证此阶段机器人搬运作业不会出现冲突。Lamothe 等人[48]针对工件随机到达情形下的多工件混流调度问题提出了基于工作站和机器人空闲时间的启发式调度框架，并设计了特定的分支定界算法来求解该工件的最小完工时间。Ge 和 Yih[49]为上述调度问题开发了基于数学优化的启发式调度算法。Chauvet 等人[50]针对单工件任意时刻到达情况下的混流调度问题提出了一种多项式时间算法 FBEST（Forward-Backward Earliest Starting Time），该算法的核心思想是将任意时刻到达的新工件的加工处理工序和机器人搬运操作插入制造单元中工作站和机器人的空闲时间进行加工作业，在保证初始调度方案不变的情况下，利用工作站和机器人的空闲时间求解该工件的最小完工时间。Fleury 等人[51]则为机器人行驶时间可变情况下的多工件混流调度问题设计了有效的元启发式调度算法。Hindi 和 Fleszar[52]以及 Paul 等人[53]针对工件加工顺序给定情况下的多工件混流调度问题开发了启发式调度算法，以优化机器人搬运作业顺序。Kujawski 和 Świątek[54]则为非实时混流调度问题开发了基于启发式规则的动态调度算法。Zhao 等人[55]针对工件随机到达情况下的多工件混流调度问题建立了混合整数规划模型并使用优化软件 CPLEX 进行求解。随后，Tian 等人[56]对 Zhao 等人提出的混合整数规划模型进行了改进，算例测试结果表明了改进模型的有效性和高效性。Yan 等人[57]为类似调度问题提出了一种两阶段分支定界算法，该算法在给定有限的扰动约束以及保证不改变现有的工件的处理顺序的条件下，旨在最小化最大完工时间，有限的扰动约束指的是新调度和初始调度工件的完工时间偏离值。Zhang 等人[58]则为柔性多工件混流调度问题提出了混合的遗传禁忌搜索算法。

1.3.4 多机器人调度问题

随着制造工艺的日益复杂化，工作站的使用数量也在不断增加。为避免机器人成为生产过程中的“瓶颈”，自动化制造单元通常使用多个机器人用于物料搬运作业任务。多机器人调度问题不仅涉及搬运作业的分配及其顺序优化问题，还要避免多个机器人在行驶过程中相互发生碰撞。由此可知，多机器人调度问题要比单机器人调度问题复杂得多。

自 20 世纪 90 年代起，国内外学者就开始对单一运行轨道的自动化制造单元多机器人调度问题进行研究，提出了各种不同的调度方法[60~72]。依据机器人运行区域是否重叠，可将现有调度方法大体分为两种类型：①基于搬运作业区域划分的调度方法（Zone-partitioned Scheduling Approach）；②基于搬运作业区域重叠的调度方法（Overlapped based Scheduling Approach）。

在第①类方法中，多机器人碰撞避免方式通常是在建立在制造单元分割基础之上的。具体来说，根据机器人数量，自动化制造单元被分割为与机器人等数量的连续区域，第 k 个区域内的所有工件搬运作业只能由第 k 个机器人负责。换言之，每个机器人只能在自己的区域内移动，其他机器人不能进入该区域活动。由此可知，机器人碰撞情形只会发生在两个连续区域的邻接点上，这样就大大减少了机器人发生碰撞的次数，也降低了机器人碰撞避免约束的建模难度。但是，不难理解，此种方法由于严格限制了机器人的运行区域，通常会降低机器人搬运作业的整体效率，进而对生产效率有一定影响。

第②类方法则允许机器人之间的运行区域是可重叠的。换言之，机器人可以根据搬运任务需要行驶到制造单元的某个位置，但要避免与其他机器人之间发生碰撞。不难看出，由于机器人运行区域可重叠，这会使得机器人之间的碰撞次数比第①种类型要多得多，且碰撞情形也要复杂得多，从而加大了机器人碰撞避免约束的建模难度以及数学模型的求解难度。图 1-3 简要描述了上述两种情况，代表性的研究有两类。

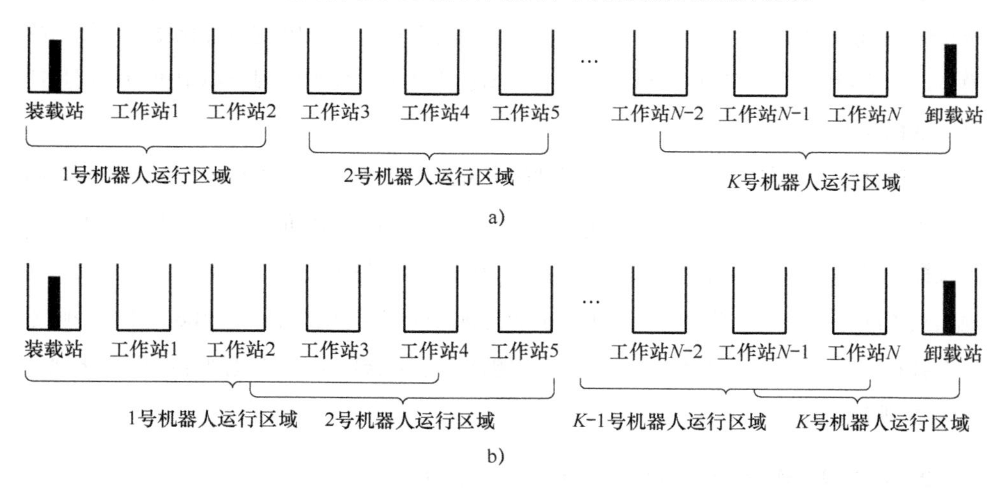

图 1-3　机器人搬运作业区域分配方法

a）基于搬运作业区域划分的机器人分配方案示例　b）基于搬运作业区域重叠的机器人分配方案示例

1. 基于搬运作业区域划分的多机器人调度方法

Lei 和 Wang[60]首先为双机器人调度问题提出了启发式调度算法，研究问题的目标函数为寻找一组最优机器人调度方案以最小化生产周期。为降低问题的求解复杂性及避免机器人之间发生碰撞，使用动态分割法将制造单元随机分成两个连续的区域，每个机器人只负责一个区域内的工件搬运作业。最后大量随机算例和基准案例测试结果表明，启发式算法能够在较短时间内搜索到较高质量的调度方案。此后，Armstrong 等人[61]研究了给定生产周期下的自动化制造单元多机器人调度问题，研究目标为给定生产周期下最小化机器人使用数量。为避免机器人在运行过程中发生碰撞，制造单元被分割成多个连续的区域，每个区域只有一个机器人运行。由此，将最小化机器人使用数量的问题转化为最小化分割区域数量的子问题或最大化分割区域规模的子问题。具体思路如下：先最大化第一个机器人的运行区域（直到运行区域的增加会导致不可行解产生为止），再对第二个机器人的运行区域进行最大化处理，直到所有制造单元区域被分配完毕，便可解决最小化机器人使用数量的原问题。以此为基础，建立了子问题的线性规划模型并提出了基于最长路径算法的启发式调度算法。最后通过大量随机算例和基准案例对提出的算法进行了有效性验证。

Riera 和 Yorke-Smith[62]为最小化生产周期下的自动化制造单元多机器人调度问题提出了逻辑约束法（Constraint Logic Programming，CLP）与混合整数规划法（Mixed Integer Programming，MIP）相结合的混合调度模型，并使用 CIP 与 MIP 混合优化器对所提出的模型进行了求解。基准案例测试结果表明，所提出的混合模型比现有模型更为通用且计算复杂程度更低。

上述文献都研究了在单一轨道上行驶的多机器人调度问题，Manier 和 Lamrous[63]则研究了具有并行轨道的自动化制造单元多机器人调度问题，因而多个机器人之间不会发生碰撞。目标函数为找出一组搬运作业最优分配方案以最小化生产周期。作者为此类问题建立了混合整数规划模型并开发了基于遗传算法的调度方法。此外，Zhou 和 Li[64]则为具有并行工作站的多机器人周期性调度问题建立了混合整数规划模型并使用优化软件 CPLEX 进行了求解。

2. 基于搬运作业区域重叠的多机器人调度方法

Vanier 等人[65]研究了自动化制造单元多机器人调度问题，目标函数为找出一组机器人搬运作业分配方案及其调度顺序以最小化生产周期。为此，首先利用启发式算法为每个机器人分配了运行区域（即一个区域内搬运作业任务由某一个机器人负责），但是相邻两个机器人的运行区域是可以重叠的；在此基础上，使用逻辑约束法（CLP）建立了问题的数学模型并使用精确算法对其进行求解获得了最小化生产周期的机器人搬运作业调度方案。最后，基准案例和随机测试案例测试结果表明了所提出的调度方法具有有效性。此后，Manier 等人[66]进一步扩展了上述研究成果，研究了具有并行工作站和可重入工作站的自动化制造单元多机器人调度问题。所有机器人在同一轨道上行驶，且没有运行区域限制。通过对问题进行详细分析，作者归纳总结出了机器人可能发生碰撞的 32 种情形。在此基础上，使用逻辑约束法建立了问题的数学模型，并开发了类似于分支定界树的分支搜索算法来枚举机器人搬运作业顺序方案。基准案例和随机算例表明，多机器人系统能够极大地提高系统的生产效率。

与上述方法不同的是，许多学者应用数学与运筹学等方法对单轨道自动化制造单元多机器人调度问题进行了研究。例如，Leung 和 Zhang[67]首次研究了工件加工方向与制造单元布局不一致情况下的自动化制造单元多机器人调度问题。由于工件在制造单元中呈双向流动，机器人之间的碰撞情形更加复杂。通过详细分析，作者归纳并总结了机器人可能发生碰撞的 16 种情形。以此为基础，建立了上述研究问题的混合整数规划模型并提出了基于深度优先搜索策略(Depth First Search Strategy)的分支切割算法(Branch-and-Cut Algorithm)。实验结果表明，所提出的调度模型与算法能够在有效时间内获得基准案例的最优生产周期。最近，Jiang 和 Liu[68]也对上述调度问题进行了研究。通过对机器人可能的碰撞情形进行分析，作者利用禁止区间法建立了机器人碰撞避免约束。在此基础上，利用混合整数规划法建立了问题的调度模型并提出了分支定界算法对模型进行求解。实验结果表明，与 Leung 和 Zhang[67]提出的调度方法相比，作者所提出的调度模型与算法能够在更短时间内获得基准案例和随机测试案例的最优解。

此外，Leung 等人[69]研究了工件加工方向与制造单元布局一致的自动化制造单元多机器人调度问题。首先，作者使用一些有效不等式对 Phillips 和 Unger[10]提出的混合整数规划法进行了改进；其次，分析并总结了 8 种机器人可能的搬运作业碰撞情况；最后，在上述工作的基础上，利用混合整数规划法建立了研究问题的数学模型，并利用优化软件 CPLEX 编制了求解算法。此外，Che 和 Chu[70]为上述调度问题建立了解析数学模型，并对其结构特性进行了分析。以此为基础，开发了高效的分支定界算法。它由两个分支定界树 A 和 B 构成，其中树 A 负责枚举在周期开始时刻工件在工作站上的分布状况；而树 B 用来枚举给定工件分布状况下的机器人搬运作业调度方案。基准案例与随机算例测试结果表明，与上述 Lei 和 Wang[60]、Armstrong 等人[61]提出的基于启发式规则的调度方法相比，作者所提出的分支定界算法能够快速地获得问题的最优解。

另外，也有学者为最小化生产周期的不同类型多机器人调度问题提出了各种有效的启发式调度算法。例如，Zhou 和 Liu[71]为双机器人调度问题建立了线性规划模型并提出了启发式求解算法。首先，在柔性加工时间内，通过随机方式生成工件的实际处理时间；

以此为基础，计算出对应的生产周期的上下界值，并在此范围内产生一个随机试验解 T^*（即生产周期）；然后利用所获得的实际处理时间和试验解 T^*通过数值计算确定相应的机器人搬运作业顺序。其次，通过把制造单元分成三个连续的区域，其中 1 号机器人负责 1 号区域，2 号机器人负责 3 号区域，2 号区域（即中间区域）由两个机器人共同负责，将搬运作业分配给各个机器人。由于通过上述方式获得的机器人搬运作业调度方案可能会违反机器人搬运能力约束及机器人碰撞避免约束，因而建立了给定搬运作业顺序下的线性规划模型。最后，利用 C 语言结合 LP 优化软件包 Xpress-MP 编制了启发式求解算法，用以获得满足所有约束条件的最优调度方案。实验结果表明，所提出的启发式调度算法能够在很短时间内获得基准案例和随机测试案例的近似最优调度方案。

此外，Chtourou 等人[72]也研究了上述调度问题，但不对机器人运行区域进行隔离和限制（即两个机器人的运行区域是重叠的）。首先，在 Zhou 和 Liu[71]工作的基础上，使用相同方法产生机器人搬运作业顺序 H，并设计启发式规则对 H 中的搬运作业进行分配；其次，为给定机器人搬运作业顺序下的双机器人调度问题建立了混合整数线性规划模型并设计了机器人碰撞检验程序，以剔除相应的不可行调度方案；再次，利用 C++语言结合优化软件 CPLEX 编制了基于启发式规则的调度算法，用来求解模型以便获得各项搬运作业的开始时间以及最小生产周期；最后，利用多个基准案例对所提出的调度方法进行有效性验证。

1.4 本书内容概要

本书主要围绕柔性加工时间自动化制造单元调度，立足提高物料搬运机器人的作业效率、缩短产品加工周期以及提升设备利用率，按照“分析与提出具体调度问题→建立数学模型→最优解性质分析→算法设计与实现→算法验证与评价”的思路，介绍柔性自动化制造单元调度方法与技术，主要包括单/多目标调度、多机器人调度以及混流流水车间和作业车间调度等方面的最新研究成果。本书主要侧重于柔性自动化制造单元调度问题的数学建模与调度算法设计的研究，研究成果可为我国相关电子产品制造企业以及机械制造企业的柔性自动化制造单元的生产运作与管理提供有效的理论与技术支撑。

本书共分为 8 章，如图 1-4 所示。

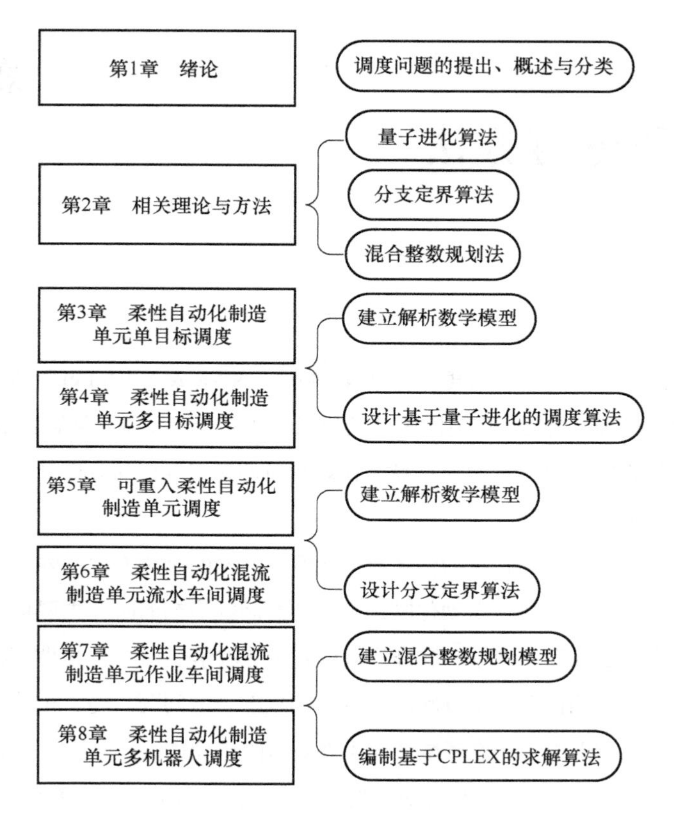

图 1-4　本书内容总体架构

第 1 章为绪论，主要介绍了本书所研究调度问题的提出、概述以及主要类型；第 2 章主要介绍了量子进化算法、分支定界算法以及混合整数规划法等求解调度优化问题的常用技术与方法的概念以及优缺点；第 3、4 章主要介绍了柔性自动化制造单元调度的改进量子进化算法，其中第 3 章介绍了此类单目标调度问题的改进解码机制的混合量子进化算法，第 4 章介绍了此类多目标调度问题的混沌量子进化多目标优化算法；第 5、6 章主要介绍了柔性自动化制造单元调度的分支定界算法，其中第 5 章介绍了此类可重入调度问题的数学建模方法与分支定界算法的设计方法，第 6 章介绍了此类混流车间调度问题的数学建模方法与分支定界算法的设计方法；第 7、8 章主要介绍了柔性自动化制造单元调度的混合整数规划方法，其中第 7 章介绍了此类作业车间调度问题的混合整数规划建模方法与技术，第 8 章介绍了此类多机器人调度问题的搬运作业分配与碰撞避免的混合整数规划建模方法与技术。

第 2 章

相关理论与方法

绝大多数自动化制造单元调度问题为 NP 难题（NP-hard），如 Lei 等人[9]证明了，即使是只有一个物料搬运机器人的有限等待简单自动化制造单元调度问题也是 NP 难题；此外，Brauner 等人[73]则证明了具有任意工作站布置的无限等待简单自动化制造单元调度问题为强 NP 难题。

现有大量研究成果表明，自动化制造单元调度问题的研究方法主要分为两大类，即精确算法和启发式优化方法。自动化制造单元调度问题最初的研究主要集中在精确算法上（如分支定界算法、动态规划、混合整数规划法等数学规划方法）[10~20]解决了一系列典型的调度问题，但精确算法难以解决大规模的复杂调度问题。随着相关学科与优化技术的发展，自动化制造单元调度领域涌现了许多新的启发式优化方法[21~24]，如基于量子进化算法的智能调度方法。以下对自动化制造单元的各类调度理论与方法进行简要介绍。

2.1 量子进化算法概述

进化算法是目前研究很热门的一类并行算法，它基于适者生存的思想，将问题的求解表示成染色体的适者生存过程，通过染色体群的不断进化，最终收敛到问题的最优解或满意解[74]。量子进化算法（Quantum inspired Evolutionary Algorithm，QEA）是量子计算与进化计算相融合的产物，它利用量子理论中有关量子态（Quantum State）的叠加和纠缠等特性[75,76]，通过量子旋转门、量子交叉、量子变异等操作来实现个体的变异和种群的进化，利用当前最优个体的信息来更新量子旋转门，以加速算法收敛。传统智能优化算法虽然具有各自的特点，但在具体求解过程中常常表现出早熟收敛、易陷入局部最优等不足。量子进化算法将量子比特（Quantum Bit，也称为量子位）的概率幅表示方式应用于染色体的编码，在对一个量子染色体执行观察前，其处于多个确定状态的叠加态，从而提高了个体的多样性，增强了全局搜索能力，可较好地克服早熟收敛现象[76]。目前量子进化算法已成为国际学术界研究的一个重要的新课题。

量子进化算法作为一种智能优化算法，国内外学者已将其引入到生产调度的研究中。本书针对柔性自动化制造单元单/多目标调度等不同类型的调度问题，重点介绍融合问题特性的量子进化算法设计与应用，为复杂生产调度问题的求解提供新的思路和方法，并推动 QEA 的研究与拓展应用。

2.1.1　基本量子进化算法概述

1. 量子比特及量子染色体

量子进化算法是建立在量子力学理论和进化理论基础之上而形成的一种基于种群搜索的概率优化算法[75,76]。依据量子理论，量子比特是量子信息中最小的存储单元。每个量子比特的量子态可能是 1，也可能是 0，还有可能是这两种状态的线性叠加态（Superposition），但通过测量最终会塌陷（Collapsing）到某一种确定的状态。综上所述，量子比特通常由以下形式表示[29,30]：

$$|\psi\rangle=\alpha|0\rangle+\beta|1\rangle，且满足|\alpha|^2+|\beta|^2=1 \tag{2-1}$$

式中，符号$|\ \rangle$通常称为狄克拉符号或右矢，用来标记量子体系中的一个量子态；α和β为一对复数，其中α表示量子比特为状态$|0\rangle$时的概率幅，因而它的模平方$|\alpha|^2$就用来表示量子比特处于状态$|0\rangle$时的概率，β表示量子比特为状态$|1\rangle$时的概率幅，因而它的模平方$|\beta|^2$表示量子比特处于状态$|1\rangle$时的概率。

不难看出，当α=1、β=0 时，由式（2-1）可得知$|\psi\rangle=|0\rangle$，这表示量子态处于基态$|0\rangle$；当α=0，β=1 时，由式（2-1）可得知$|\psi\rangle=|1\rangle$，这表示量子态处于基态$|1\rangle$。

由于满足归一化条件（即$|\alpha|^2+|\beta|^2=1$），不同量子态之间具有相干性。在某一时刻或条件下，为确定量子比特的最终状态，通常使用随机测量的方法，以破坏量子比特的相干性，从而使得量子比特由上述叠加状态坍塌为某一种确定的量子态。随机测量过程如下[77~79]：首先，在[0, 1）区间内产生一个随机数 k。其次，将随机数 k 和量子态所对应的概率进行比较：如果 k 的值大于$|\alpha|^2$（即 $k>|\alpha|^2$），那么就认为量子比特的最终塌陷状态为 1；否则，就认为量子比特的最终塌陷状态为 0。由上述描述可知，量子态的每次测量结果都是不确定的。换言之，每个量子比特的最终塌陷状态通常会随着测量时间与随机数的不同而改变。因此，以上述量子计算与进化思想为理论基础的量子进化算法就被看作是一种独特的概率搜索算法。

综上所述，一个由 m 个量子比特串构成的量子染色体可表示为以下形式[79]：

$$\Psi_m=\begin{bmatrix}\alpha_1\big|\alpha_2\big|\cdots\big|\alpha_m\\ \beta_1\big|\beta_2\big|\cdots\big|\beta_m\end{bmatrix}，且满足|\alpha_i|^2+|\beta_i|^2=1，1\leqslant i\leqslant m \tag{2-2}$$

通常，一个长度为 m 的量子染色体可同时表示 2^m 种量子态的叠加态。例如，假设一个量子染色体由 3 个不同的量子比特构成，并且如下：

$$\Psi_3=\begin{bmatrix}\frac{\sqrt{4}}{3}\bigg|&\frac{\sqrt{3}}{3}\bigg|&\frac{\sqrt{7}}{3}\\ \frac{\sqrt{5}}{3}\bigg|&\frac{\sqrt{6}}{3}\bigg|&\frac{\sqrt{2}}{3}\end{bmatrix} \tag{2-3}$$

由式（2-3）可知，上述量子染色体可同时以一定的概率表达多达 8 种不同的量子态信息，分别为$|000\rangle$，$|001\rangle$，$|010\rangle$，$|011\rangle$，$|100\rangle$，$|101\rangle$，$|110\rangle$以及$|111\rangle$，它们对应的概率分别为 84/729，24/729，168/729，48/729，105/729，30/729，210/729，60/729。以量子态$|010\rangle$为例，其概率计算方式为：$|\alpha_1|^2\times|\beta_2|^2\times|\alpha_3|^2=(4/9)\times(6/9)\times(7/9)=168/729$。不难看出，量子染色体比传统的基于二进制（即 0 和 1 组成的字符串）、实数、浮点数等编码形式的染色体有着更好的个体及种群多样性特征。另外，在传统的遗传进化算法中，每条染色体一般只表示或被解码成问题的一个确定解，然而在量子进化算法中，由于量子比特测量结果的不确定性以及量子态的相干性，量子染色体通常可表示问题任意多个解的叠加态。

2．量子旋转门

依据量子理论，量子体系中量子比特概率幅的不断演化是通过幺正变换（也称为酉变换）来实现的，而酉变换的载体通常是酉矩阵（Unitary Matrix）；酉矩阵通常也称为量子门。由此可知，量子门（Quantum Gate）在量子计算中具有非常重要的作用，其对量子个体的演化进而对量子进化算法的性能有着至关重要的影响，是整个进化算法设计工作的关键环节。目前学者们已提出了各种不同形式的量子门，包括量子非门（Quantum NOT Gate）、量子受控非门（Quantum Controlled NOT Gate）及量子旋转门（Quantum Rotation Gate）等[75~79]。但在量子进化算法中，最常用于种群中量子个体更新与进化操作的是量子旋转门（Quantum Rotation Gate），其定义如下[77~79]：

$$\begin{bmatrix}\alpha_i'\\ \beta_i'\end{bmatrix}=U(\Delta\omega_i)\begin{bmatrix}\alpha_i\\ \beta_i\end{bmatrix}=\begin{bmatrix}\cos\Delta\omega_i & -\sin\Delta\omega_i\\ \sin\Delta\omega_i & \cos\Delta\omega_i\end{bmatrix}\begin{bmatrix}\alpha_i\\ \beta_i\end{bmatrix} \tag{2-4}$$

式中，$[\alpha_i, \beta_i]^{\mathrm{T}}$ 为量子染色体中第 i 个量子比特；$U(\Delta\omega_i)$称为量子旋转门，其中$\Delta\omega_i$ 为旋转角度的大小，它的值直接影响着量子进化算法的性能和收敛速度。

由此可知，如何确定量子旋转角度的大小及方向是整个量子进化算法设计工作的难点之一。

3．量子进化算法的基本框架

与其他进化算法（譬如遗传算法）类似，量子进化算法大体上也有着相似的进化范式（Evolution Paradigm），即首先通过初始种群（由量子比特构成的量子染色体组成）产生一组初始解，然后对种群中的个体进行评价并保存最优个体；下一步使用量子旋转门对量子个体进行更新操作以便产生子代个体并引导算法向最优解区域搜索；然后再对新产生的子代个体进行评价并更新最优个体；若满足终止条件，算法停止搜索并输出寻找到最优个体值。图 2-1 描述了上述算法的各项步骤，其中 t 表示算法进化代数，$Q(t)$表示第 t 代中的量子染色体，$P(t)$表示第 t 代中由量子染色体解码产生的问题解，$B(t)$表示到第 t 代为止算法搜索到的最优个体值[77]。

```
算法开始：t←0
（1）初始化量子染色体 Q(t)，t 为演化代数;
（2）观察并获取量子染色体 Q(t)的塌陷状态 P(t);
（3）对 P(t)进行评价;
（4）将 P(t)中的最优个体保存到 B(t)中;
    当（算法终止条件没有满足） 执行以下步骤：
            t←t+1;
        观察并获取量子染色体 Q(t−1)的塌陷状态 P(t);
        对 P(t)进行评价;
        将 P(t)和 B(t−1)中的最优个体保存到 B(t)中;
        使用量子旋转门对染色体 Q(t)进行更新操作;
    当算法终止条件满足时，结束执行上述循环步骤。
算法结束：输出最优个体
```

图 2-1　基本量子进化算法伪代码

2.1.2　量子进化算法的改进研究

近年来，量子进化算法的改进研究主要体现在改进量子旋转门机制、增强种群多样性以及设计混合算法等方面[74]。

1．量子旋转门的改进

量子旋转门的存在使量子进化算法具有较强的全局搜索能力。但如果量子旋转门调整策略设计不当，由此产生的新染色体容易远离当前最优染色体，影响算法的收敛。针对量子旋转门的改进设计问题，黄力明等人[80]依据确保在任何状态下以较大的概率使当前解收敛到一个具有更高适应度的染色体（最优解染色体）的思想，提出了一种新的量子旋转门调整策略。解平等人[81]在使用量子旋转门进行全局更新的基础上引入了局部更新操作，确保个体向最优解方向进化。王小芹等人[82]提出了一种新的量子染色体解码方法以适应流水车间调度问题，并提出了一种新的动态旋转角更新策略，即根据距离值的不断变化而变化，使整体进化方向朝着当前最优解方向发展。于艾清等人[83]将量子进化算法应用于并行机调度问题，提出了新的量子旋转角，使个体向更好的解靠近。高辉等人[84]探讨了初始旋转角对算法性能的影响，通过设置不同的初始旋转角进行的算例计算得出结论：初始旋转角为 0.05π时收敛速度和解的平均质量都是最优的。他们还设计了一种依据量子比特概率幅比值自适应计算旋转角的方法，通过这种方法控制旋转角方向和旋转角大小，使搜索更为全面和精细。Yang 等人[85]使用了动态调整初始旋转角的策略，即根据遗传代数不同将初始旋转角的大小在 $0.01\pi \sim 0.05\pi$之间动态调整，动态旋转角的策略收敛速度优于固定旋转角策略。

2. 种群多样性的增强

在量子进化算法中，如果仅使用量子旋转门更新种群，那么算法在迭代若干代后，种群的多样性会变得较差，从而导致算法收敛早熟。因此，引入交叉变异等遗传操作是必要的。有学者利用了量子的相干特性构造了全干扰交叉[81]。王小芹等人[82]分别采用多个体交叉的方法和子个体变异方法直接对工件排序编码染色体进行了交叉和变异操作。傅家旗等人[86]使用了量子映射交叉和隔离小生境多交叉的方法。传统量子变异是随机或以一定概率选中个体，然后随机产生变异位置，交换相应量子位的两个概率幅 α_i和 β_i，使得原先倾向于“0”的状态转变为倾向于“1”的状态；反之亦然。陈辉等人[87]使用混沌序列对当前代中所有的实数染色体所对应的相角进行限幅扰动，幅度按照适应值的大小进行自调整，然后再使用量子旋转门实现个体变异。周传华等人[88]引入基于概率划分的小生境协同进化策略，此外还引入了量子灾变跳出局部最优。陈有青等人[89]首先根据个体间适应值的相似性将群体分为若干组，以组为单位按照轮盘赌选择方式进行变异。

3. 混合算法的设计

没有哪一种方法能够最有效地解决所有问题，由于各种优化算法都有各自的优缺点，学者们尝试将不同优化算法相结合以提高算法性能[90]。在量子进化算法中，所有的个体都朝着当前最优解按照同样的量子门旋转，易陷入局部最优。混合算法正是尝试利用不同优化算法的优点从而获得更高质量的解。

Li 等人[78]则提出了一种混合量子进化算法应用于多目标 Flowshop 调度问题，结合 PGA（Permutation-based GA）进行解空间搜索和优质调度解的开发。解平等人[81]提出了一种基于双编码机制（经典二进制编码和量子概率幅编码）的混合量子进化算法。傅家旗等人[86]引入了概率解码和有限基因排列的优化策略，并结合模拟退火算法提出了一种混合量子进化算法用于 Flowshop 调度问题。俞洋等人[91]将量子进化算法和粒子群算法（PSO）相结合，提出了两种混合量子进化算法，发现混合算法提高了算法保持种群多样性的能力和运算速度。Wang 等人[92]将一种改进的混合量子进化算法用于 Flowshop 调度问题。

2.1.3　量子进化算法的拓展与应用

由于具有全局搜索能力强、种群多样性好、收敛速度快等众多优点，量子进化算法作为一类新颖的进化算法，已被广泛用于求解各种类型的组合优化问题，代表性研究如下[74]：

1. 生产调度问题

生产调度问题已被证明是典型的 NP 难题，至今仍未证明存在一种多项式复杂性的算法能够求解该问题的所有实例。但是由于其应用背景广泛，在计算机科学和运筹学领域人们已进行了许多研究。量子进化算法在生产调度中的应用是近年的研究热点之一，国内外部分学者已尝试将量子进化算法及混合量子进化算法用于 Flowshop/Jobshop 调度问题。于艾清等人[83]为并行机拖期调度问题提出了一种混合量子进化算法。Wang 等人[92]首次将量子进化算法应用于 Flowshop 调度问题，他们首先将量子比特概率幅编码转换为随机键（Random Key）编码，然后转换为工件加工顺序，并使用量子门旋转和遗传算子进行种群进化。Niu 等人[93]将量子进化算法应用于混合 Flowshop 调度问题，提出了一种实数编码用于将量子比特概率幅编码转换为工件加工顺序。Li 和 Wang[78]首次为多目标 Flowshop 调度问题了提出了一种量子计算与遗传变异操作相结合的多目标混合量子进化算法。该算法采用多个量子比特串编码染色体，并通过二进制转换，将量子染色体进一步变换为工件加工顺序；然后使用了基于 Pareto 支配关系的个体适应值评价方法。为保持种群的多样性，提出了两种种群修剪策略。大量案例测试结果表明，与基于工件加工顺序编码的遗传算法相比，混合量子进化算法能够获得更多的 Pareto 最优解（即接近 Pareto 前沿），且有着更好的多样性、收敛性以及鲁棒性。傅家旗等人[86]通过将粒子群算法（PSO）和量子进化思想相融合，设计出了一种新型的混合量子进化算法。该算法利用移位解码机制对量子染色体进行解码操作，使用粒子群算法的变异方式确定量子旋转门旋转角度的大小及方向。最后，基准案例测试结果表明了该算法具有收敛速度快，求解时间短等众多优势。Zheng 和 Yamashiro[94]首次为最小化生产周期、总的流水时间及工件最大拖期量的多目标置换流水车间调度问题（PFSP）提出了具有邻域搜索机制的差分量子进化算法（Quantum Differential Evolutionary Algorithm，QDEA），算法对比发现其获得解的质量更高。Gu 等人[95]提出了一种新的协同进化量子进化算法，并将其应用于随机 Jobshop 调度问题。该算法将三种新的进化策略和量子进化算法结合求解，获得了较好的求解效率。

此外，Gu 等人[96]也为上述相同调度问题提出了竞争型多种群协同进化量子遗传进化算法（CCQGA）。在种群进化过程中，该算法采用了三种不同的协同进化机制，即竞争猎人（Competitive Hunter）机制、合作生存（Cooperative Surviving）机制以及大鱼吃小鱼（Big Fish Eating Small Fish）机制。为了增加种群的多样性以及预防算法早熟，采用了动态机制调整种群的规模大小，使用量子比特编码染色体和量子旋转门来加速算法收敛速度。

2．车辆路径问题

高辉等人[84]研究了物流配送路径优化问题，并提出了一种基于量子旋转角度自适应变化机制的改进型量子进化算法。赵燕伟等人[97]应用一种结合了 2-OPT 优化的混合量子进化算法求解车辆路径问题（VRP），通过与遗传算法、粒子群算法的求解结果进行比较，验证了其提出的算法具有更优的性能。张景玲等人[98]为多车型开放式动态需求车辆路径优化问题提出了基于量子计算与 2-OPT 优化方法相结合的混合量子进化算法，进一步提高了算法的收敛速度。黄志宇[99]则将量子进化算法应用于求解具有资源约束的项目调度问题。最近，Che 等人[100]研究了将量子进化算法应用于求解大规模的专用道优化问题。

3．电力系统机组组合调度问题

Lau 等人[101]提出了应用于大规模电力系统组合调度问题的量子进化算法，发现相对传统方法求解电力系统组合调度问题，量子进化算法的计算时间和问题规模之间存在线性关系。王家林等人[102]根据电力系统网络结构特点给出了量子编码方案，将量子进化算法应用于电力系统同步相量测量装置（PMU）最优配置问题，得到了较少 PMU 配置的解。Liao[103]

将一种混沌量子进化算法应用于集成了风电的电力系统调度中。Lu 等人[104]将改进的量子进化算法应用于电力系统经济排放调度，提出了用于控制约束条件的一种启发式策略和一种基于适应度的选择策略。Zhang[105]将改进的量子粒子群算法用于电力系统调度。

4. 背包问题

韩国学者 Han 和 Kim[77]首次为单背包问题（Knapsack Problem）提出了具有不可行解修复措施的量子进化算法。Zhao 等人[106]则为背包问题提出了混合量子进化算法。该算法由基本型量子进化算法和启发式约束处理法构成。由于量子旋转角度的大小对量子进化算法的性能有着非常重要的影响，Zhang 和 Gao[107]提出了一种基于自适应调整量子旋转角度的改进型量子进化算法（IQEA），并使用典型的背包案例对所提出的算法进行了验证。测试结果表明，所提出的改进型量子进化算法（IQEA）要比量子进化算法有着更快的收敛速度和全局寻优能力。申抒含和金炜东[108]则提出了一种基于概率角编码的量子进化算法。该算法采用概率角的正反向增减来代替量子旋转门对量子个体进行更新操作。最后利用背包问题基准案例对提出的算法进行了验证，实验结果表明，所提出的算法在解的质量和运算时间上比遗传算法和量子进化算法更有优势。另外，钱洁和郑建国[109]则研究了二次背包问题（Quadratic Knapsack Problem），提出了具有动态贪婪修复机制的量子进化算法，并且设计了有效基于知识学习的量子门旋转角度更新机制，这进一步提高了量子进化算法的局部搜索精度和全局寻优能力。该算法在最坏情况下的时间复杂度为 $O(\mathrm{Maxgen}\times N\times M\times \log M)$，其中 Maxgen 为算法迭代的最大次数，$N$ 为种群规模，M 为背包个数。张宗飞[110]则为多维背包问题提出了基于小生境协同进化的改进型量子进化算法。该算法采用基于量子比特象限和量子相位角大小相结合的动态调整策略来确定量子旋转角度大小；并采用染色体交叉策略来增加整个种群的多样性。最后典型背包案例测试结果表明了量子进化算法的有效性。

2.2 分支定界算法概述

分支定界算法[111]为运筹学中求解整数规划（或混合整数规划）问题的一种常用方法，用该方法求解整数最优解的效率很高。它是由学者查理德·卡普（Richard M.Karp）在 20 世纪 60 年代提出的，并成功求解了运筹学中的著名旅行商问题（Traveling Salesman Problem，TSP）（65 个城市），成为当时求解较大规模优化问题的最佳方法。分支定界算法把问题的可行解展开如树的分枝，再经由各个分支中寻找最佳解。将问题分支为子问题并对这些子问题定界的步骤称为分支定界算法。

分支定界算法目前已经成功地应用于求解（混合）整数规划问题、旅行商问题、制定与优化生产计划问题、设施选址问题、背包问题等。对于不同的问题，分支与界限的步骤和内容可能不同，但其求解问题的基本思想是相似的。

2.2.1 分支定界算法的基本思想

分支定界算法是求组合优化问题最优解的常用方法，它实际上是一种隐枚举技术，其关键是分支与定界：首先，生成一个根节点，再由根节点逐层向下产生新的节点，每个节点代表一个部分解并根据问题性质赋予下界值，最终形成一枚举树，问题的所有可能解只能在枚举树的最底层节点（称为叶节点）获得；然后结合各节点的下界值，采用一定的搜索策略对枚举树进行搜索，在搜索过程中动态更新当前问题的最优解，在搜索完所有节点后得到问题最优解。由上可知，分支定界算法可归纳为分支、计算下界、搜索三个基本步骤。综上所述，使用分支定界算法求解本书所研究调度问题的关键是如何分支、剪支以及设计相应的分支定界树。

2.2.2 分支与定界

所谓"分支"，是指如果整数规划的松弛问题的最优解不满足整数的要求，假设 $y_i=a$，$[a]$是不超过 a 的最大整数，则构造两个约束条件：$y_i \geqslant [a]$和 $y_i \geqslant [a]+1$；然后，将其加入上述松弛问题的约束中，从而形成两个分支，即两个后继问题，其可行域中包含原整数规划问题的所有可行解。但是在原松弛问题可行域中，满足约束$[a]<y_i<[a]+1$ 的一部分区域在后续的求解过程中会被删除，因为其不满足整数规划的任何可行解。如果需要，各后继问题可以类似地产生自己的分支。如此不断继续，直至获得原整数规划问题的最优解[111]。

所谓"定界"，是指在分支过程中，若某个后继问题恰好是原整数规划问题的一个可行解，则其相应的目标函数值就是一个"界限"，可作为处理其他分支的一个依据。因为整数规划问题的可行解集是它松弛问题可行解集的一个子集，前者最优解的目标函数值不会优于后者最优解的目标函数值，所以，对于松弛问题最优解的目标函数值劣于上述"界限"值的后继问题，就被删除而无须考虑。此外，如果在以后的分支过程中出现更好的"界限"，则以它来更新原来的界限，以提高求解的效率[111]。

2.2.3　分支节点的选择

对枚举树上的某些节点必须做出分支决策，即凡是界限小于迄今为止所有可行解最小下界的任何节点，都有可能作为分支的选择对象（假定问题目标为求最小值）。目前对于分支而言，主要有以下两种方式[111]：

（1）从最新产生的最小下界分支（优先队列式分支定界算法）。从最新产生的各子集中选择具有最小下界的节点进行分支。这种分支法的优点是节省了空间，缺点是需要较多的分支运算，耗费的时间较多。本书中的分支定界算法采用此种节点选择方式，同时通过最优解的特性去除不必要的分支情况，缩小可行解的范围。

（2）从最小下界分支（先进先出 FIFO 分支定界算法）。每次算完界限后，把枚举树上当前所有叶节点的界限进行比较，找出界限最小的节点，此节点即为下次分支的节点。它的优点是检查子问题较少，能较快地求得最佳解；缺点是要存储很多子节点的界限及对应的耗费矩阵，需要很多内存空间。

2.3　混合整数规划法概述

2.3.1　混合整数规划的定义

在线性规划问题中，有些最优解可能是分数或小数，但对于某些具体问题，常要求某些变量的解必须是整数。例如，当变量代表的是机器台数、工件个数等信息时，为满足其取值为整数的要求，一般办法是把已得的非整数解采取舍入化整的方式，但是化整之后的数有可能不再是可行解和最优解，所以应该寻求其他方法来求解整数规划。在整数规划中，若仅一部分变量限制为整数，则称为混合整数规划（MIP）[111]。

整数规划的一种特殊情形是 0-1 规划，它的变量取值为 0 或 1。本书中所研究的自动化混流 Jobshop 调度问题中用于确定机器人搬运作业顺序的决策变量便属于 0-1 变量。不同于线性规划问题，整数和 0-1 规划问题至今尚未找到一般的多项式解法。

2.3.2　混合整数规划模型的解法

混合整数规划模型常用的求解方法主要有分支定界算法、割平面解法[111]。

1. 分支定界算法

分支定界算法可用于求解纯整数或混合整数规划问题。它是由查理德·卡普（Richard M.Karp）在 20 世纪 60 年代初提出，其依据是混合整数规划的最优解不会优于与之相应的线性规划的最优解。由于这种方法灵活且便于用计算机求解，所以现在它已是求解（混合）整数规划问题的重要方法，其基本求解思路如下[111]：

设有最大化的混合整数线性规划模型为问题 A，与它相应的线性规划为问题 B，问题 B 的最优解不符合问题 A 的整数条件，其最优解必是问题 A 的最优解 Z^* 的上界，记为 $\overline{Z}$。问题 A 的任意整数可行解是 Z^*的下界，记为 $\underline{Z}$。分支定界算法将 B 的可行域分成子域，称子域为分支，逐步减少 $\overline{Z}$ 和增大 $\underline{Z}$，最终求得 Z^*。

2. 割平面解法

割平面解法是 1958 年由 R.E.Gomory 提出的，因此又被称为 Gomory 割平面法[111]。此方法的缺点是在求解过程中通常收敛速度比较慢，因此，至今完全用它解题的仍是少数，但若和其他方法（如分支定界算法）配合使用，可能会取得好的效果。这个方法的基础仍然是用解线性规划的方法求解混合整数规划问题，首先不考虑变量 x_i 是整数这一条件，但增加线性约束条件（几何用语，称为割平面）使得由原可行域中切割掉一部分，这部分只包含非整数解，但没有切割掉任何整数可行解。

混合整数线性规划（Mixed Integer Linear Programming，MILP）的割平面算法通过将整数问题线性松弛为非整数线性问题，并对其进行求解，进而实现求解混合整数线性规划问题的目的。具体来说，如果其松弛问题的最优解 X^*不满足整数性要求，则从 X^*的非整分量中选取一个，用以构造一个线性约束条件，并将其加入原松弛问题中，从而形成一个新的线性规划问题，然后求解之。若新的最优解满足整数要求，则它就是原问题的最优解。否则，不断重复上述过程，直到找到最优整数解[111]。

2.3.3 优化软件 CPLEX 简介

混合整数规划问题的求解过程往往比较复杂，尤其是大规模的组合优化问题通常需要用高性能的计算机，有时计算量甚至会超过计算机的处理能力。因此，在求解一些混合整数规划问题时，必须要借助于一些商业优化软件。

ILOG CPLEX 是目前市场上流行的优化软件，是一种基于单纯形法研制的求解线性和整数规划问题的高性能、功能十分强大的优化软件。它能够同时处理具有数百万个约束（Constraint）和变量（Variable）的问题，特别适合求解组合优化问题。图 2-2 为 ILOG CPLEX 软件的功能模块图示意图⊖。

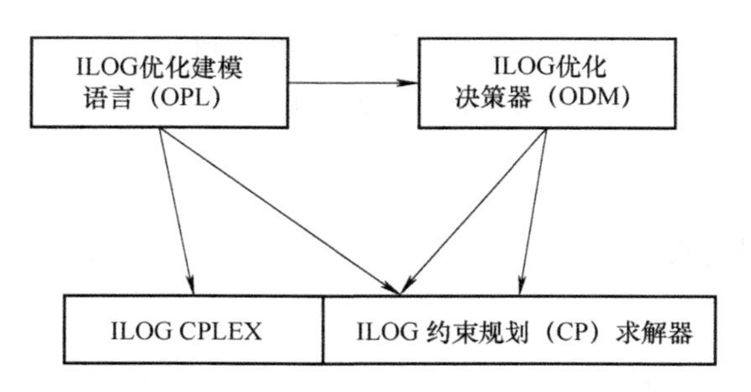

图 2-2　ILOG CPLEX 软件功能模块图

ILOG CPLEX 使用人员既可通过组件库利用 API 接口调用 ILOG CPLEX 算法，又可以使用 OPL 建模，并结合 ODM 建立可视化界面。所有 ILOG CPLEX 算法都与最新的预处理紧密集成，不需要用户的干预，就能将较大规模的问题降为小规模的问题，缩短了求解时间。同时，每个优化器都有许多调整性能的选项，用户可以根据特定问题的需要，对性能进行相应的调整⊖。

ILOG CPLEX 已被广泛应用于求解交通运输规划、物流交通以及设施选址等各种不同类型优化问题。本书中所建立的混合整数线性规划模型（MILP）便是通过使用 CPLEX 软件中的混合整数规划模型优化器来进行求解的。CPLEX 的混合整数规划模型优化器采用了基于分支切割算法（Branch & Cut Algorithm）来求解混合整数规划模型，具有很好的通用性和较强的鲁棒性⊖。

在上述分支切割算法中，CPLEX 通过求解一系列松弛问题（即将整数变量松弛为非整数变量）来获得原混合整数线性规划模型问题的最优整数解⊖。具体来说，CPLEX 通过构建搜索树来高效求解这些松弛问题，其中搜索树的根节点代表原始混合整数规划问题的松弛问题，树的每个叶子节点代表一个松弛子问题。如果松弛问题的解不满足整数要求，CPLEX 将会构造一个用于“切割”（Cuts）的线性约束条件并加入到原松弛问题中，以便将原松弛问题可行区域中包含非整数解的区域排除在外。如果新的松弛问题的解还是不满足整数要求，那么优化软件 CPLEX 会选取一个非整数变量进行分支以生成两个新的松弛问题，每个松弛问题对分支变量添加更严格的约束条件。例如，对于 0-1 变量，

⊖ ILOG CPLEX V12.8 用户手册。

一个节点将变量取值设置为 0，另一个节点将变量取值设置为 1，然后求解之。优化软件 CPLEX 会不断重复上述过程直至获得整数最优解。此外，为进一步提高求解效率，优化软件 CPLEX 的混合整数规划模型优化器还具有参数定制等功能，如分支策略、搜索策略、变量选择策略、节点选择策略以及改变搜索方向等。

2.4 本章小结

本章主要介绍了三种不同类型的自动化制造单元调度方法。首先介绍了基于量子进化算法的调度方法；针对生产调度问题，重点介绍了量子编解码策略、基于量子旋转门的种群更新机制、量子交叉变异操作等量子进化算法设计的关键问题。其次，介绍了分支定界算法在组合优化领域的应用情况，以及分支定界算法的基本思路和分支策略等。最后，介绍了混合整数规划法的定义，及其常用的求解方法，并给出了使用优化软件 CPLEX 求解混合整数规划模型的基本流程。

第3章

柔性自动化制造单元单目标调度

3.1 引言

如前所述，由于使用受计算机控制的物料搬运机器人（Material Handling Robots）执行制造单元中所有工件（或物料）的搬运作业，自动化制造单元具有生产效率高、产品一致性好、工人劳动强度低等多方面的优势。另外，由于生产工艺的特殊性，工件在每个工作站上的处理时间通常不是一个固定值，而是可以在一定的时间范围内变化的，这通常称为柔性加工时间约束[2~6]。为简化生产管理及满足大批量生产要求，自动化制造单元通常采用周期性生产模式（Cyclic Production Mode）。在周期开始时刻，机器人将新工件通过装载站搬运到制造单元中，并且负责工件在各个工作站之间的搬运任务，直至工件的所有处理任务都完成后，将其通过卸载站搬离制造单元。不难理解，在周期性生产模式下，每隔固定时间，机器人都会重复执行一组相同顺序的搬运作业任务。机器人完成一组搬运任务的时间通常称为生产周期（Cycle Time）或生产节拍[7]。由此可知，机器人的搬运作业顺序对生产周期的长短（即生产效率的高低）有着至关重要的影响。换言之，如何对机器人搬运作业顺序进行有效调度与优化是最小化生产周期（即最大化生产效率）的关键因素。

上述以最小化生产周期为优化目标的调度问题通常被称作柔性自动化制造单元单目标调度问题，代表性的研究有：Livshit 等人[8]以及 Lei 和 Wang[9]先后分别证明了此类调度问题为完全 NP 难题。由于有着重要的理论和实际应用价值，很多学者对此类调度问题进行了着重研究，并提出了各种有效的调度理论与方法。例如，Phillips 和 Unger[10]最早研究了具有单一工件类型的此类调度问题，并且提出了混合整数规划模型。此后，Chen 等人[12]则为此类相同调度问题提出了更为高效的分支定界算法；另外，Ng[16]为具有可重入工作站和并行工作站的机器人调度问题提出了有效的分支定界算法；Lim[20]首先为此类调度问题提出了基于遗传算法的调度方法；近年来，多位学者[21~24]为相关调度问题提出了改进遗传算法、混沌遗传算法等各种不同类型的进化算法。

自 20 世纪 90 年代起，由于具有更好的种群多样性、快速收敛能力及良好的全局寻优能力等多方面的优势，量子进化算法（QEA）开始被学者们逐渐应用于求解各种 NP 难的组合优化问题，比如旅行商问题[74]、背包问题[75]、Flowshop/Jobshop 调度问题[78]等。由于此类调度问题已被证明是 NP 难题，不难理解，精确算法的求解时间通常会随着问题规模的变大而呈指数级增长。因此，研究开发启发式或元启发式调度方法以便在合理时间内获得此类调度问题的近似最优解具有重要的理论和实际应用价值。迄今为止，有关将量子进化算法应用于求解自动化制造单元调度问题的研究还比较少见。因此，本章为柔性自动化制造单元单目标调度问题提出基于量子进化算法的调度方法。

本章的主要内容可概括如下：首先，由于传统的量子染色体解码过程既烦琐又复杂，本章结合问题特性提出了一种由多种转换规则组成的改进解码机制，以便将量子染色体直接转换为机器人搬运作业顺序方案。其次，对于不可行的机器人搬运作业顺序方案进行修复，现有文献主要是通过随机变换两个搬运作业的先后顺序来进行修复的，这种修复方法随机程度高，因而修复成功概率比较低。本章首先使用数学分析法对不可行顺序方案进行检查，以确定造成顺序方案不可行的原因，并在此基础上提出一种更为有效的不可行机器人搬运作业顺序方案修复机制。最后，为增加种群的多样性，具有自适应概率调整机制的交叉和变异操作被引入所设计的量子进化算法中。

3.2 问题描述及数学建模

3.2.1 问题描述

本章研究的柔性自动化制造单元单目标调度问题概述如下：给定制造单元由排成一列的 n 个工作站（即 $M_1, M_2, M_3, \cdots, M_n$）组成，且每个工作站在同一时刻只能处理 1 个工件。制造单元中只有一个机器人负责所有工件的搬运作业任务，且在同一时刻机器人最多只能搬运 1 个工件。此外，装载站 M_0 和卸载站 M_{n+1} 分别放置于制造单元的前端和末端。装载站 M_0 用于存放所有的待处理工件。每个工件首先从装载站进入制造单元，然后依次在 $M_1 \sim M_n$ 中进行处理，直至处理任务完成后，最后通过卸载站 M_{n+1} 离开制造单元。机器人将工件从工作站 M_i 搬运至工作站 M_{i+1} 的过程称为搬运作业 i，$0 \leqslant i \leqslant n$。搬运

作业 i 主要由三个操作步骤组成：①将工件从工作站 M_i 中提取出来；②将工件运送到工作站 M_{i+1} 的上方；③将工件放入到工作站 M_{i+1} 中进行处理。机器人在没有携带工件的情况下在任意两个工作站之间的移动过程称为空驶作业。

由于生产工艺要求，工件在每个工作站上的加工时间不是固定的，而是由一个最小加工时间和最大加工时间构成的一个时间区间范围，这称为柔性加工时间约束。如果工件的实际处理时间小于最小加工时间或者大于最大加工时间，就会产生废品。此外，由于工件在空气中的暴露时间不能太长，当工件在某一工作站完成加工任务后，必须被立即运送到下一个工序的工作站进行加工。如前所述，自动化制造单元采用周期性生产模式，每个生产周期内，只有一个工件进入制造单元，并且也只有一个工件在完成处理任务离开制造单元。综上所述，本章的主要研究目标为如何调度优化机器人在制造单元中的搬运作业顺序以最小化生产周期。

为便于建立问题的数学模型，定义以下变量和符号：

a_i：工件在工作站 M_i 上的最小加工时间，$1 \leqslant i \leqslant n$。

b_i：工件在工作站 M_i 上的最大加工时间，$1 \leqslant i \leqslant n$。

d_i：机器人执行搬运作业 i 所需要的时间，$0 \leqslant i \leqslant n$。

$\delta_{i,j}$：机器人从工作站 M_i 空驶到工作站 M_j 所需要的时间，$\delta_{i,i}=0$ 且 $\delta_{i,j}=\delta_{j,i}$，$0 \leqslant i, j \leqslant n+1$。

不难理解，机器人在 M_i 和 M_j 之间的空驶时间，要小于或等于机器人从 M_i 空驶到 M_k，再从 M_k 空驶到 M_j 的时间之和。因此，机器人在任意两个工作站之间的空驶时间须满足不等式 $\delta_{i,j} \leqslant \delta_{i,k}+\delta_{k,j}$，其中 $k \notin \{i, j\}, 0 \leqslant i, j, k \leqslant n+1$。

问题的决策变量如下：

T：生产周期。

t_i：生产周期内搬运作业 i 的开始时间，$0 \leqslant i \leqslant n$。不是一般性的，假定作业 0（即机器人将工件从装载站 M_0 搬到工作站 M_1）为第一个搬运作业。因此，有 $t_0=0$ 成立。

s_i：0-1 变量。如果 $s_i=0$，则表示工作站 M_i 在周期开始时刻没有工件在处理，处于空闲状态；反之，则表示工作站 M_i 在周期开始时刻有工件在处理，处于占用状态。为便于叙述，定义 $S_n=\{s_0, s_1, s_2, \cdots, s_n\}$ 表示周期开始时刻工件在工作站上的初始分布状况。由于作业 0 被假定为第一个搬运任务，因此，工作站 M_1 在周期开始时刻必须处于空闲状态。综上所述，$s_0=1$ 和 $s_1=0$ 成立。

$r[i]$：生产周期内第 $i+1$ 个执行的搬运作业编号，$0 \leqslant i \leqslant n$。如上所述，由于作业 0 为第一个搬运作业，因此有 $r[0]=0$。为便于叙述，定义 $R=< r[0], r[1], r[2],\cdots, r[n]>$，表示单个生产周期内的机器人搬运作业顺序方案。例如，假设 $n=3$ 且 $R=< r[0]=0, r[1]=2, r[2]=3, r[3]=1>$，这表示机器人搬运作业顺序为：首先，机器人将工件从装载站 M_0 搬到工作站 M_1 上进行处理（即搬运作业 0），其次，机器人从工作站 M_1 空驶到工作站 M_2，然后将工件从 M_2 上搬离并运送到工作站 M_3 上进行加工处理（即搬运作业 2）；再次，机器人在工件完成加工之后，将其从 M_3 上搬离并运送到卸载站 M_4 上进行卸载（即搬运作业 3）；最后，机器人从卸载站 M_4 空驶到工作站 M_1，然后将工件从 M_1 上搬离并运送到工作站 M_2 上进行加工处理（即搬运作业 1）。

图 3-1 描述了具有 3 个工作站的单机器人搬运作业调度问题。在图 3-1 中，M_0 和 M_4 分别为装载站和卸载站，$M_1 \sim M_3$ 为工作站，横轴为时间轴，纵轴为搬运作业任务类别。此外，倾斜的实线箭头代表机器人搬运作业，虚线箭头代表机器人在工作站之间的空驶作业。实线箭头（或虚线箭头）的起点和终点分别表示搬运作业（或空驶作业）的开始时间和完成时间。另外，水平的实型粗线表示工件在相应工作站上的实际加工时间。从图 3-1 可以看出，在周期开始时刻（即 0 时刻），制造单元中只有工作站 M_2 中有工件在处理，而其他工作站均处于空闲状态。由此可知，工件的初始分布状况 $S_3=\{1, 0, 1, 0\}$，其对应的机器人搬运作业顺序方案为 $R=<0, 2, 3, 1>$。当最后一个搬运作业（即作业 1）完成后，机器人空驶到装载站 M_0 并在 T 时刻执行下一个周期的首个搬运作业（即作业 0）。由图 3-1 还可以看出，在[0, T]和[T, 2T]时间段内，制造单元重复了相同的状态，即机器人每隔 T 时间段就执行一组相同顺序的搬运作业（即 R_3）。这样的生产模式通常称为周期性生产模式。机器人完成一组重复性的搬运作业调度方案的时间就是生产周期（即 T）。

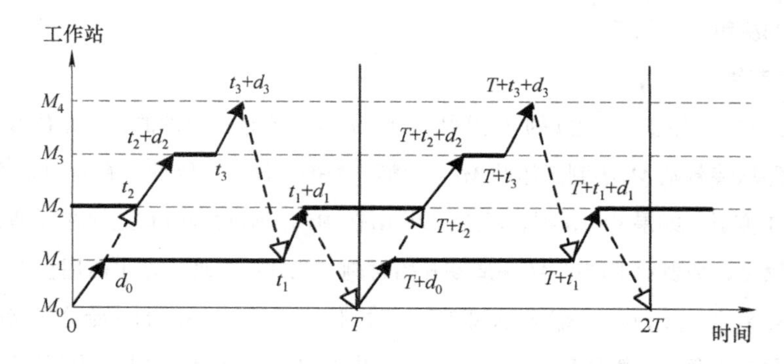

图 3-1　自动化制造单元机器人搬运作业周期性调度方案示意图

搬运作业　空驶作业　工件实际加工处理时间

3.2.2 数学模型

如前所述，由于制造单元采用周期性生产方式，搬运作业 0 通常被假定为每个生产周期内的第一个搬运作业任务。综上所述，下式成立：

$$t_0=0,\ t_i>0,\ 0\leqslant i\leqslant n \tag{3-1}$$

1. 柔性加工时间约束建模

从图 3-1 可以看出，工件在工作站 M_i 上的开始时间即为搬运作业 $i-1$ 的完成时间，即 $t_{i-1}+d_{i-1}$ 时刻；另外，工件在工作站 M_i 上的完成时间即为搬运作业 i 的开始时间，即 t_i 时刻。此外，在每个周期开始时刻，各个工作站要么处于空闲状态（即 $s_i=0$），要么有工件正在处理（即 $s_i=1$）。由图 3-1 可知，若在周期开始时刻工作站 M_i 上没有工件在处理，则搬运作业 $i-1$ 和 i 均在同一个周期时间内开始和完成，那么工件在工作站 M_i 上的实际处理时间可表述为 $t_i-(t_{i-1}+d_{i-1})$；若在周期开始时刻工作站 M_i 处于占用状态，则可知此工件是在上一个周期时间内被机器人搬运到工作站 M_i 上进行加工的，因此，工件在工作站 M_i 上的实际处理时间可表述为 $T+t_i-(t_{i-1}+d_{i-1})$。由于工件在每个工作站上的实际加工时间既不能小于最小加工时间 a_i 也不能大于最大加工时间 b_i，故下式成立[12]：

$$a_i\leqslant s_iT+t_i-(t_{i-1}+d_{i-1})\leqslant b_i,\ 1\leqslant i\leqslant n \tag{3-2}$$

2. 工作站加工能力约束建模

如前所述，工作站在任意时刻最多只能处理一个工件，这称为工作站加工能力约束。在周期开始时刻，工作站 M_j 上若有工件在处理（即 $s_j=1$），那么机器人只有当工件处理完后将现有工件搬离工作站 M_j 后才能将下一个工件搬运到工作站 M_j 上进行加工。换言之，若 $s_j=1$，搬运作业 j 的完成时间要早于搬运作业 $j-1$ 的开始时间，即下式成立[12]：

$$t_j+d_j+\delta_{j+1,\,j-1}\leqslant t_{j-1},\ 1\leqslant j\leqslant n,\ \text{若}\ s_j=1 \tag{3-3}$$

3. 机器人搬运作业能力约束建模

此外，对于任意两项相邻的搬运作业任务 $r[i]$和 $r[i+1]$，由上述可知，搬运作业 $r[i]$ 的完成时间为 $t_{r[i]}+d_{r[i]}$，搬运作业 $r[i+1]$的开始时间为 $t_{r[i+1]}$。在搬运作业 $r[i]$完成后，由于机器人在工作站 $M_{r[i]+1}$ 和 $M_{r[i+1]}$之间的空驶时间为 $\delta_{r[i]+1,\ r[i+1]}$，机器人最快能够在 $t_{r[i]}+d_{r[i]}+\delta_{r[i]+1,\ r[i+1]}$时刻到达工作站 $M_{r[i+1]}$，然后再执行搬运作业 $r[i+1]$。综上可知，机器人到达工作站 $M_{r[i+1]}$的时间一定不能晚于搬运作业 $r[i+1]$的开始时间，即下式成立：

$$t_{r[i]}+d_{r[i]}+\delta_{r[i]+1,\ r[i+1]}\leqslant t_{r[i+1]},\ 0\leqslant i\leqslant n-1 \tag{3-4}$$

如果任意两项搬运作业 $r[i]$和 $r[k]$满足 $i<k$ 且 $r[i]=j$ 和 $r[k]=j-1$，则可知工作站 M_j 在周期开始时刻有工件在处理，即 $s_j=1$，式（3-4）可转换为[12]：

$$t_j+d_j+\delta_{j+1,\ j-1}\leqslant t_{j-1},\ 1\leqslant j\leqslant n,\ 若\ r[i]=j\ 和\ r[k]=j-1\ 且\ i<k \tag{3-5}$$

由式（3-5）可以看出，当 $r[i]=j$ 和 $r[k]=j-1$ 且 $i<k$ 时，式（3-4）和式（3-3）二者是等价的。换言之，式（3-4）在保证机器人搬运能力约束的同时也保证了工作站加工能力约束。因此，式（3-3）是冗余的，其可以被式（3-4）替代。

最后，由于制造单元采用周期性生产方式，机器人在每个周期时间内完成所有搬运作业任务后都要返回到装载站 M_0，以便执行下一个生产周期的搬运作业任务。于是下式成立：

$$t_{r[n]}+d_{r[n]}+\delta_{r[n]+1,\ 0}\leqslant T,\ 0\leqslant r[n]\leqslant n \tag{3-6}$$

以上述工作为基础，本章为带有柔性加工时间约束的自动化制造单元单目标调度问题建立的数学模型可表述如下[12]：

$$\text{Min. } T$$

s.t.式（3-1），式（3-2），式（3-4），式（3-6）

在上述数学模型中，式（3-1）限定了所有搬运作业的开始时间为非负值；式（3-2）为工件在工作站上的柔性加工时间约束建模；式（3-4）为工作站的加工能力约束建模和机器人搬运能力约束建模；式（3-6）限定了机器人完成一组重复性的搬运作业方案 R 所需的周期时间。只有同时满足上述约束的机器人搬运作业顺序，R 才会是此类调度问题的可行调度方案。

3.3 混合量子进化算法

如前所述，本章所研究的柔性自动化制造单元单目标调度问题为完全 NP 难题，研究目标是寻找一组最优的机器人搬运作业顺序方案以最小化生产周期时间。为此，本章节提出了基于量子进化算法的元启发式调度方法。

3.3.1 传统编解码方式

众所周知，在求解 Flowshop/Jobshop 调度问题时，传统进化算法（比如遗传算法）

通常直接以工件加工顺序（即所研究问题的决策变量）的形式编码染色体（个体）。不难看出，这种编码方式虽然具有编码形式简单、不需要解码操作等优点，但也具有初始不可行解数量大、个体重复度高、算法搜索空间大等缺点。然而在量子进化算法中，染色体是由一个或多个量子比特编码而成的。随后通过随机观测方式，将量子染色体转换为 0-1 二进制染色体。因此，对于应用量子进化算法求解生产调度问题来说，研究工作的关键在于如何设计开发一种有效的解码方式以便将量子染色体（或相应的 0-1 二进制染色体）转换为所研究调度问题的决策变量，即工件的加工顺序或机器人搬运作业顺序等。

目前，相关的量子进化算法文献主要报道了两种不同的量子染色体解码方式：二进制—十进制转换解码方式[82]和移位解码方式[86]。具体来说，二进制—十进制转换解码方式首先采用 0-1 二进制片段（其由量子比特串转换而来）代表 1 个工件，然后将这些二进制片段转换成十进制数，最后由十进制数代表工件的加工顺序。举例来说，假设 4 个工件 3 个机器的加工排序调度问题，假定由量子染色体（假定 3 个量子比特表示 1 个工件）转换而来的二进制染色体为[100|010|011|001]，那么将其转换成十进制数就是[4|2|3|1]，其对应的工件加工顺序为 4—2—3—1。不难理解，这种编解码方式具有染色体长度会随着问题规模变大而呈指数级增长、算法搜索效率低下等缺点。

与上述方式不同的是，移位解码方式以基于工件顺序编码的实数染色体为主体，利用二进制染色体（其由量子染色体转换而来）基因值（0 或 1）不同对实数编码染色体进行解码操作以产生新的工件加工顺序。不难看出，这种解码方式比前一种解码方式具有更高的搜索效率，然而由于其采用了基于工件顺序的实数编码形式，量子种群的多样性、量子态的叠加性等优势没有得到有效利用。

综上所述，为避免上述二进制染色体转成十进制数过程中存在编码长度过长、编解码转换过程复杂以及移位解码方式无法有效利用量子种群多样性等缺点，本章依据问题特性开发了三种不同的解码规则，以将二进制染色体（其由量子染色体转换而来）直接转换成所需要的机器人搬运作业顺序方案。与上述两种解码机制相比，本章提出的新型解码方式具有染色体长度随问题规模变化幅度小、转换过程简单、个体多样性好等众多优点。

3.3.2 量子比特编码

对于此类调度问题，染色体通常以实数编码形式表示，即染色体第 i 个基因位上的

数值就代表第 i 个执行的搬运作业编号。

由于工作站的初始状态和量子比特的塌陷状态具有相同的特征（即 0 或 1），量子染色体由 n 个量子比特组成，其中量子比特 i 代表工作站 M_i。在进化过程中，如果量子比特 i 的塌陷状态为 1，则其表示在生产周期开始时刻，工作站 M_i 中有工件在处理（即 s_i=1），进而可知在周期时间内搬运作业 i 的完成时间要早于搬运作业 i–1 的开始时间。如果量子比特 i 的塌陷状态为 0，则其表示在生产周期开始时刻，工作站 M_i 处于空闲状态（即 s_i=0），进而可知在周期时间内搬运作业 i–1 的完成时间要早于搬运作业 i 的开始时间。由上述可知，量子比特的塌陷状态可以直接确定相关搬运作业的先后顺序。通常情况下，由 n 个量子比特组成的量子染色体Ψ一般表示如下[74][78]：

$$\Psi=\begin{bmatrix}\alpha_1\big|\alpha_2\big|\cdots\big|\alpha_n\\ \beta_1\big|\beta_2\big|\cdots\big|\beta_n\end{bmatrix},\ |\alpha_i|^2+|\beta_i|^2=1,\ 1\leqslant i\leqslant n \tag{3-7}$$

3.3.3 个体初始化

依据问题特点，本章使用两种方式来确定量子染色体中量子比特的塌陷状态。首先，根据工件在工作站上的柔性加工时间限制，可间接获知该工作站在周期开始时刻的使用状况，即处于占用状态或者空闲状态。具体来说，假定工作站 M_i 在生产周期开始时刻有工件正在处理，即 s_i=1，由此可知，搬运作业 i 的发生时间要早于搬运作业 i–1 的发生时间。在此基础上，如果搬运作业 i–1 是机器人执行的最后一项搬运任务，搬运作业 i 是机器人执行的第二项搬运任务（第一项搬运任务为搬运作业 0），那么不难理解工件在工作站 M_i 上的最短加工时间为 $\delta_{i,0}+d_0+\delta_{1,i}$。例如，从图 3-1 可以看出，搬运作业 1 和 2 分别为机器人执行的最后一项和第二项搬运任务，工件在 M_2 上的处理时间为 $\delta_{2,0}+d_0+\delta_{1,2}$。事实上，如果搬运作业 i–1 是机器人执行的最后一项搬运任务而搬运作业 i 不是机器人执行的第二项搬运任务，或者，搬运作业 i–1 不是机器人执行的最后一项搬运任务而搬运作业 i 是机器人执行的第二项搬运任务，那么工件在工作站 M_i 上的实际处理时间都将大于上述最短处理时间。换言之，机器人在搬运作业 i 和 i–1 之间执行的搬运作业越多，工件在工作站 M_i 上的实际加工时间就会越短；反之，实际加工时间就越长。

综上所述，可得出以下结论：

规则 1：

（1）假设 s_i=1，如果工件在工作站 M_i 上的最短加工时间大于其处理时间上限 b_i，则可知其柔性加工时间约束没有满足，因而搬运作业 i 就不可能在搬运作业 i–1 之前发生。

换言之，只有搬运作业 i−1 发生在搬运作业 i 之前的搬运方案才可能会是可行的调度方案。综上所述，若 s_i=1 且$\delta_{i,0}+d_0+\delta_{1,i}>b_i$（以下称为规则 1），则相应的量子比特状态为 0，即 s_i=0。

（2）假设 s_i=1，如果$\delta_{i,0}+d_0+\delta_{1,i}\leqslant b_i$，则相应的量子比特状态可能为 0，也可能为 1。换言之，s_i=0 或 s_i=1。

使用规则 1，可以事先确定一部分工作站在周期开始时刻的状态，因而间接地提高了算法的搜索效率。具体来说，假定通过上述方式可以确定有 p 个工作站在周期开始时刻只能处于空闲状态，那么问题的解（即 S_n）搜索空间便可由 2^{n-1} 降低到 2^{n-p-1}。

如果使用规则 1 仍然无法确定一些工作站（例如 M_i）在周期开始时刻的状态，那么使用规则 2 进行确定。

规则 2：

首先，在[0,1)均匀区间内产生一个随机数 rd；其次，将随机数 rd 和工作站 M_i 对应的量子比特 i 的概率幅进行比较，若 $rd>|\alpha_i|^2$，则量子比特 i 的塌陷状态为 1，即 s_i=1；否则，量子比特 i 的塌陷状态为 0，即 s_i=0。综上所述，通过上述两种方式，便可确定每条染色体中全部量子比特的塌陷状态，即确定了所有工作站在周期开始时刻的状态 S_n。

3.3.4　改进型解码机制

如前所述，工作站 M_i 在周期开始时刻的状态（即量子比特的塌陷状态）只能确定搬运作业 i−1 和 i 之间的先后顺序，而不能确定全部搬运作业的先后顺序。假如有 S_3={ 1, 0, 1, 0}，则由 s_1=0 可知，搬运作业 0 在搬运作业 1 之前；由 s_2=1 可知，搬运作业 2 在搬运作业 1 之前；由 s_3=0 可知，搬运作业 2 在搬运作业 3 之前。但是，搬运作业 1 和搬运作业 3 之间的先后顺序不可知。为此，设计以下三种不同类型的解码规则以便将量子染色体直接转换为完整的机器人搬运作业顺序方案。

解码规则 1：该规则主要以量子比特概率幅的大小来确定搬运作业的顺序方案。为便于叙述，定义λ_i表示工作站 M_i 在生产周期时间内的实时状态（空闲为 0，占用为 1）。令Φ表示已知搬运顺序的作业集合。当搬运作业 $r[k]$（假设 $r[k]=j$）完成后，$0\leqslant k\leqslant n$，工作站 M_j 和 M_{j+1} 的状态变为：λ_j=0，λ_{j+1}=1。因为机器人不能将工件装载到一个被占用的工作站上，下一项搬运作业只能从满足λ_i=1，λ_{i+1}=0 且 $i\notin\Phi$工作站 M_i 中选择，$0\leqslant i\leqslant n$。为确定下一项搬运作业的编号 $r[k+1]$，首先按上述要求将所有可能的工作站编号放入到集

合Ω中。由于量子比特 i 对应工作站 M_i，然后从Ω中选择$|\alpha_i|^2$ 值最大的工作站编号作为机器人的下一项搬运作业任务 $r[k+1]$，并将其放入到集合Φ中，同时清空集合Ω。以此类推，便可获知完整的搬运顺序方案 R。

例如，假设有 $S_5=\{1, 0, 1, 0, 1, 0\}$，当第一个搬运作业（$r[0]=0$）完成后，根据解码规则 1 可知，$\lambda_1=1$，$\lambda_2=1$，$\lambda_3=0$，$\lambda_4=1$，$\lambda_5=0$ 以及$\Phi=\{0\}$，$\Omega=\{2, 4\}$。第二项搬运作业只能依据概率大小从搬运作业 2 和搬运作业 4 中选取一个，即 $r[1]=2$ 或 4。以此类推，便可获知 R。

解码规则 2：与解码规则 1 的过程类似，只不过解码规则 2 确定作业方案的标准不一样。该规则主要以搬运作业开始时间大小为依据来确定下一项搬运作业的编号。为便于叙述，定义 st_i 表示搬运作业 i 的可能最早开始时间。同时继续使用解码规则 1 中定义的符号Φ，λ_i，Ω。当搬运作业 $r[k]$完成后，$0\leqslant k\leqslant n$，首先将符合$\lambda_i=1$，$\lambda_{i+1}=0$ 且 $i\notin\Phi$条件的工作站 M_i 放入到下一项搬运作业的备选集合Ω中。对于$\forall j\in\Omega$，通过$st_j=st_{r[i]}+d_{r[i]}+\delta_{r[i]+1,\ j}$ 便可计算出搬运作业 j 的可能最早开始时间。其次，检查工件在 M_j 中的柔性加工时间约束是否满足，如果实际处理时间大于柔性加工时间上限 b_i，那么将 j 从Ω中删除；如果小于柔性加工时间下限 a_i，那么增加开始时间 st_j，以使得加工时间下限得到满足。最后，从Ω中选择具有最早开始时间的搬运作业作为 $r[k+1]$，并将其放入到集合Φ中，同时清空集合Ω。以此类推，便可获知完整的搬运顺序方案 R。

例如，假设有 $S_5=\{1, 0, 0, 1, 0, 1\}$，当第一个搬运作业（$r[0]=0$）完成后，根据解码规则 2 可知，$\lambda_1=1$，$\lambda_2=0$，$\lambda_3=1$，$\lambda_4=0$，$\lambda_5=1$ 以及$\Phi=\{0\}$，$\Omega=\{1, 3, 5\}$。假如通过计算有 $st_1=20$，$st_3=18$，$st_5=35$，那么就选取 3 为下一项搬运作业，即 $r[1]=3$。以此类推，便可获知 R。

解码规则 3：该规则主要以 s_i 的取值来确定搬运作业的顺序方案。具体过程如下：在算法初始化阶段使用该规则时，首先令 $r[i]=i$，$0\leqslant i\leqslant n$。换言之，$R=\{1, 2, 3,\cdots, n\}$。另外，对于每次给定的 S_n 和 R，如果 $s_i=1$，则在 R 中将搬运作业 i 放在搬运作业 $i-1$ 之前；反之，则在 R 中将搬运作业 i 放在搬运作业 $i-1$ 之后。R 中的其他搬运作业的先后顺序则保持不变。例如，假定有 $S_5=\{1, 0, 1, 1, 0, 1\}$和 $R=\langle 0, 2, 1, 4, 3, 5\rangle$，通过使用解码规则 3 可获得新的搬运作业顺序方案 $R=\langle 0, 3, 2, 1, 5, 4\rangle$。

在上述工作的基础上，首先使用上述三种不同解码方式对每条量子染色体进行解码操作，这通常会产生三种不同的搬运作业顺序方案，然后依据适应值大小选择最好的顺序方案 R 来代表该染色体。

3.3.5　个体适应值评价

为便于叙述，令 $fit(X)$表示个体 X 的适应值，计算方式为：$fit(X)=F/T$，其中 F 为适应值计算参数，通常将其设置为比 T 值大很多的正整数。本章在后续实验部分将 F 的值设为 5000。图 3-2 给出了个体适应度值的评价过程。由图 3-2 可以看出，如果被评价个体所对应的 T 值（$T>0$）越小（注：本章研究问题的目标是最小化生产周期 T），那么该个体就会被赋予相对较大的适应值；反之，如果 T 值越大，赋予个体的适应值就会越小。本章使用 Chen 等人[12]提出的基于图论的多项式算法来检验个体 X 的可行性。如果 X 被证明是可行的，那么多项式算法将会找到 X 对应的最小生产周期 T；以此为基础，便可通过上述方式计算出它的适应值；如果 X 被证明是不可行的，则将个体 X 的适应值设置为 0。

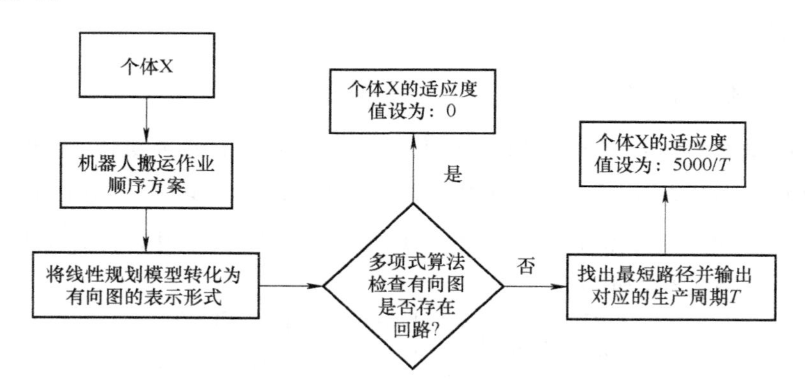

图 3-2　个体适应度值评价过程

3.3.6　不可行顺序修复机制

如果某个搬运顺序方案 R 被证明是不可行的调度方案，那么由第 3.2.2 小节建立的数学模型可知，多个或某一个柔性加工时间约束[式（3-2）]、机器人搬运能力约束[式（3-3）、式（3-4）]没有得到有效满足。为此，设计以下修复策略：

修复策略（1）：如果工作站 M_i 的柔性加工时间约束没有得到满足，则说明实际加工时间要么小于加工时间下限 a_i 要么大于加工时间上限 b_i。对于前一种情况，我们选择在搬运作业 i–1 和搬运作业 i 之间加入一些其他的搬运作业，以使得实际加工时间满足处理时间下限要求；对于后一种情况，我们从搬运作业 i–1 和搬运作业 i 之间移去一些搬运作业，以使得实际加工时间不能超过处理时间上限要求。

修复策略（2）：如果机器人搬运能力约束没有得到满足，则可依据每项搬运作业的开始时间推算出机器人没有足够的空闲时间来执行哪两项搬运作业。为便于叙述，假设机器人没有足够的空闲时间来执行搬运作业 i 和搬运作业 j，即 $t_i+d_i+\delta_{i+1,j}>t_j$ 且 $t_i<t_j$。如果这两项搬运作业是两项相邻的作业，则互换作业 i 和作业 j 的先后顺序；否则，从作业 i 和作业 j 之间移去一些搬运作业，以使得相应的机器人搬运能力约束 $t_i+d_i+\delta_{i+1,j}\leqslant t_j$ 且 $t_i<t_j$ 能够成立。

3.3.7 个体更新策略

为有效增加种群在进化过程中的多样性以及避免算法搜索陷入局部最优，本章使用量子旋转门和自适应遗传操作（Genetic Operators with Adaptive Probabilities，GOAP）相结合的方式对种群进行演化操作。以下分别介绍量子旋转门和自适应遗传操作这两种个体更新策略。

1．量子旋转门更新策略

在量子进化算法中，通常采用量子旋转门策略对种群中的每条量子染色体进行演化与更新操作。具体来说，量子染色体 X 的进化操作是以量子旋转门对染色体中每个量子比特实施更新操作来实现的。综上所述，量子比特 i（为便于叙述，它由一对概率幅α_i和β_i表示）的更新方式如下[74][79]：

$$\begin{bmatrix}\alpha_i'\\ \beta_i'\end{bmatrix}=U(\Delta\omega_i)\begin{bmatrix}\alpha_i\\ \beta_i\end{bmatrix}=\begin{bmatrix}\cos\Delta\omega_i & -\sin\Delta\omega_i\\ \sin\Delta\omega_i & \cos\Delta\omega_i\end{bmatrix}\begin{bmatrix}\alpha_i\\ \beta_i\end{bmatrix} \tag{3-8}$$

式中，$[\alpha_i,\beta_i]^{\mathrm{T}}$ 为量子染色体中第 i 个量子比特；$U(\Delta\omega_i)$称为量子旋转门，其中$\Delta\omega_i$ 为量子比特 i 在进化过程中的旋转角度值，它的值直接影响着量子进化算法的优化性能和收敛速度。

通常用ω_0 表示量子旋转门的初始旋转角度。为促使所设计 HQEA 不断朝当前最优解的分布区域进行搜索，量子旋转角度的取值由量子染色体 X 对应的初始工件分布状态 $S_{n-\mathrm{X}}$ 和当前最优个体所对应的初始分布状态 $S_{n-\mathrm{best}}$ 共同决定的。因此，对于量子比特 i，它的旋转角度$\Delta\omega_i$ 的取值是由 $s_{i-\mathrm{X}}$ 和 $s_{i-\mathrm{best}}$ 共同决定。为便于叙述，令 fit_b 表示当前种群最优个体的适应值。如果有 $fit(\mathrm{X})<fit\_b$，则依据以下不同情况确定$\Delta\omega_i$ 的具体取值[77~79]：

首先，如果量子比特 i 位于第一、三象限，那么需要考虑三种情况：

case(1)：如果有 $s_{i-\mathrm{best}}=1$ 且 $s_{i-\mathrm{X}}=0$，则令$\Delta\omega_i=(-\omega_0)$，其目的是将量子比特 i 的旋转角度设置为负值，以便使得量子比特 i 在完成进化操作后具有相对较大的概率塌陷到状态 1（因为最优个体所对应的量子比特的塌陷状态为 1）。

case(2)：如果有 $s_{i\text{-best}}=0$ 且 $s_{i\text{-X}}=1$，则令$\Delta\omega_i=\omega_0$，其目的是将量子比特 i 的旋转角度设置为正值，以便使得量子比特 i 在完成进化操作后具有相对较大的概率塌陷到状态 0（因为最优个体所对应的量子比特的塌陷状态为 0）。

case(3)：如果 $s_{i\text{-best}}$ 和 $s_{i\text{-X}}$ 值相同，则令$\Delta\omega_i=\pm0.008\pi$，其目的是引导量子比特 i 搜索它的邻近区域。

其次，如果量子比特 i 位于第二、四象限，那么需要考虑三种情况：

case(4)：如果有 $s_{i\text{-best}}=1$ 且 $s_{i\text{-X}}=0$，则令$\Delta\omega_i=\omega_0$，其目的是将量子比特 i 的旋转角度设置为正值，以便使得量子比特 i 在完成进化操作后具有相对较大的概率塌陷到状态 1（因为最优个体所对应的量子比特的塌陷状态为 1）。

case(5)：如果有 $s_{i\text{-best}}=0$ 且 $s_{i\text{-X}}=1$，则令$\Delta\omega_i=(-\omega_0)$，其目的是将量子比特 i 的旋转角度设置为负值，以便使得量子比特 i 在完成进化操作后具有相对较大的概率塌陷到状态 0（因为最优个体所对应的量子比特的塌陷状态为 0）。

case(6)：如果 $s_{i\text{-best}}$ 和 $s_{i\text{-X}}$ 值相同，则令$\Delta\omega_i=\pm0.008\pi$，其目的是引导量子比特 i 搜索它的邻近区域。

最后，不难理解，由于量子比特 i 的某一状态（0 或 1）的塌陷概率可能会非常接近或者说等于 1 或 0，因此会在进化过程中导致相应的量子染色体失去多样性，进而使得量子进化算法陷入局部最优和极早收敛。为此，使用以下方式来改变量子状态的塌陷概率并确保其属于$[\mu,\ 1-\mu]$的范围，μ为一个比较小的常数[112]：

$$\begin{bmatrix}\alpha_i'\\ \beta_i'\end{bmatrix}=\begin{cases}[\sqrt{\mu},\ \sqrt{1-\mu}]^{\mathrm{T}}, & 若\alpha_i'<\sqrt{\mu}\\ [\sqrt{1-\mu},\ \sqrt{\mu}]^{\mathrm{T}}, & 若\alpha_i'>\sqrt{\mu}\\ [\alpha' \quad \beta']^{\mathrm{T}}, & 其他\end{cases} \tag{3-9}$$

接下来，通过使用第 3.3.4 小节提出的改进型解码机制便可将上述更新后的量子染色体转化为不同的机器人搬运作业顺序方案（序列染色体），然后再对其进行适应值评价。

2. 自适应遗传操作

为最大限度地增加种群的多样性和使得算法能够不断寻找到更优秀的个体，具有自适应概率的遗传交叉与变异操作被嵌入到所设计的量子进化算法之中。为便于叙述，定义以下符号：

c_p 表示遗传交叉概率。

m_p 表示遗传变异概率。

fit_a 表示当前种群所有个体的平均适应值。

fit_0 表示当前种群中个体的最大适应值，计算方法如下：*fit_0*=5000/T_L，其中 T_L 表示具体求解案例的生产周期方案 T 的下界值。T_L 可通过以下式获得[12]：

$$T_L \geqslant \max(a_i+d_i+d_{i-1}+\delta_{i-1,\ i+1}),\ 1\leqslant i\leqslant n \quad (3\text{-}10)$$

遗传交叉概率 c_p 和变异概率 m_p 的设置方式分别为如下[113]：

$$c_p=0.7\times[fit\_0-fit\_b]/[fit\_0-fit\_a] \quad (3\text{-}11)$$

$$m_p=0.5\times[fit\_0-fit(X)]/[fit\_0-fit\_a] \quad (3\text{-}12)$$

通过式（3-11）和式（3-12），遗传操作的交叉概率 c_p 和变异概率 m_p 可以随着种群个体的平均适应值 *fit_a*、被选择个体的适应值 *fit*(X)以及当前群体的最优秀个体的适应值 *fit_b* 等数值的不同而能进行自动调节，这比传统的设置参数的方式具有更好的自适应性。具体来说，对于具有较高适应值的个体，式（3-11）和式（3-12）可以动态地减小交叉概率和变异概率，以保护优秀个体能够有效遗传到下一代。同时，式（3-11）和式（3-12）也使得具有较小适应值的个体能够拥有相对较大的概率进行遗传交叉和变异操作。不难看出，上述方式可有效地避免算法陷入局部最优。

图 3-3 给出了遗传交叉与变异操作的示例图，其中“|”表示被选择的交叉或变异位置。对于遗传交叉操作，使用锦标赛选择法从种群中选取两个不同个体分别作为父代 1 和父代 2。如图 3-3a 所示，子代 1 的产生方式如下：首先，在父代 1（以及父代 2）上随机产生两个不同的交叉点 p 和 q，满足 p，$q\in[1,\ n]$。然后，对于 $i\in[1,\ p)$和 $i\in(q,\ n]$，将父代 1 的相应基因值 $r[i]$直接按顺序遗传给子代 1；再者，将父代 2 中的基因值 $r[i](i\in[p,\ q])$按顺序遗传给子代 1，但是不能选择已被父代 1 遗传给子代 1 的基因值。子代 2 的产生方式与上述过程类似，只不过要以父代 2 为主要模板，并结合父代 1 进行基因序列遗传。此外，图 3-3b 对遗传变异操作进行了示例说明。从图 3-3b 中可以看出，对于每个被选择的个体，首先产生一个变异点 x，然后将变异点 x 后面的基因序列进行随机排序，变异点之前的基因序列顺序不发生变化。

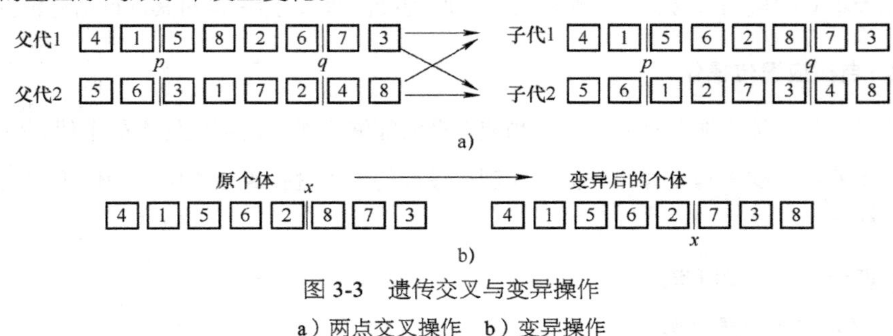

图 3-3　遗传交叉与变异操作

a）两点交叉操作　b）变异操作

3.3.8 算法流程图

在上述工作的基础上，图 3-4 给出了本章所提出的具有改进解码机制的混合量子进化算法（HQEA）的流程图。从图 3-4 可以看出，所设计的 HQEA 算法使用量子旋转门和自适应遗传操作相结合的方式对整个种群进行更新与进化操作。

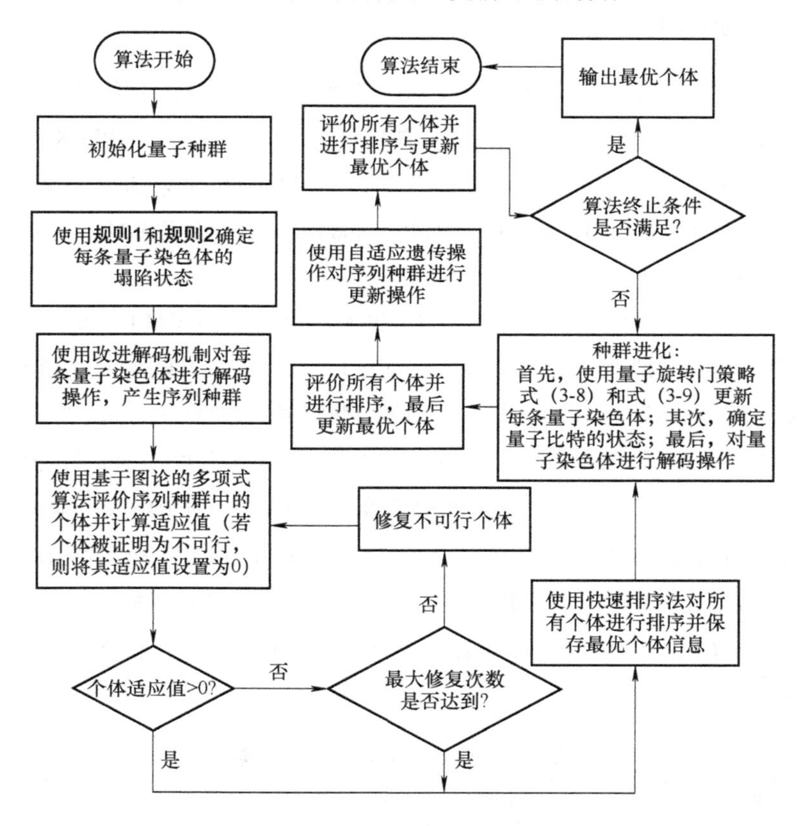

图 3-4　HQEA 算法流程图

3.4 算法验证与评价

为验证上述具有改进解码机制的混合型量子进化算法的有效性，首先，本章使用 C++ 语言对其进行了编码实现；其次，本章以多个典型算例和大量随机生成算例为例对其进行了有效性验证，最后，本章对测试结果进行了分析与评价。算法的主要参数设置如下：

种群规模 N_p=50；最大进化代数 Maxgen=200；量子旋转门初始角度ω_0=0.05，μ=0.008。此外，本章在算例测试环节同时也将所建立的数学模型转化为混合整数规划模型，并使用优化软件 CPLEX 对每一个算例进行了求解，以便将所获得的最优调度方案与混合量子进化算法所获得的最优调度方案进行对比，并对后者进行有效评价。

3.4.1 基准案例验证

在基准案例测试部分，本章使用经典文献[10][12][69]中的五个基准案例对上述混合型量子进化算法（HQEA）进行了有效性验证，并将测试结果与优化软件 CPLEX 所获得的结果进行了对比分析。上述五个基准案例的名称分别为 Mini Phillips（简称为 Mini，n=8）、Black and Oxide2（简称为 BO2，n=11）、Phillips and Unger （简称为 P&U，n=12），Ligne1 (n=12)以及 Ligne2(n=14)。

表 3-1 给出了应用混合量子进化算法（HQEA）和优化软件 CPLEX 求解基准案例对比测试结果。其中，“搜索空间”是指在使用**规则 1** 之后，算法的搜索空间规模大小（S_n）；“收敛代数”用以表示算法在进化多少代之后搜索到最优或最好的调度方案；“收敛时间”表示算法达到收敛代数所需要的时间，计算方法为收敛时间=收敛代数×（计算时间/Maxgen）；“最优生产周期（T）”由“HEQA”“CPLEX”及“标准差”三部分组成，其中“HEQA”表示所提出的优化算法 HEQA 获得的最优或最好方案；“CPLEX”表示优化软件 CPLEX 所获得的最优或最好方案；“标准差”是指两种优化方法所获得结果的标准差，其计算方法为：（HEQA−CPLEX）/CPLEX×100%；“时间差”是指进化算法的“收敛时间”与 CPLEX 的“计算时间”之间的差值。

表 3-1 基准案例对比测试结果

基准案例	搜索空间	收敛代数	最优生产周期（T）/s			计算时间（CPU）/s			
			HQEA	CPLEX	标准差	HQEA	收敛时间	CPLEX	时间差
Mini	2^6	2	287	287	0	4.75	0.048	0.16	−0.112
BO2	2^{10}	13	279.3	279.3	0	5.26	0.342	0.25	+0.095
P&U	2^{10}	29	521	521	0	5.65	0.819	0.47	+0.349
Ligne1	2^{11}	24	411	392	4.84%	7.35	0.882	0.72	+0.162
Ligne2	2^{13}	26	712	712	0	6.71	0.872	0.48	+0.392

由表 3-1 的“搜索空间”一列可以看出，本章所提出的搜索空间缩减策略**规则 1** 能够有效缩小 HQEA 在求解基准案例 Mini（n=8）和 P&U（n=12）时的初始搜索空间 S_n。

如前所述，算法的初始完整搜索空间为 2^{n-1}。因而，不难看出，**规则 1** 为算法在求解上述两个案例的过程中减少了 50%的搜索区域，这大大提高了算法的搜索效率。此外，由“最优生产周期方案（T）”一栏可以看出，对于除 Ligne1 以外的其他基准案例，HQEA 获得了与 CPLEX 相同的最优调度方案。对于案例 Ligne1，两种优化方法获得的结果标准差小于 5%，这属于通常可接受的范围。最后，由“计算时间”一栏可以看出，两种方法总体上都能够在非常短的时间内求解完毕所有基准案例。虽然 CPLEX 在求解时间上要比本章提出的 HQEA 占有优势，但是二者之间的差值却非常的小（不到 0.5s）。有鉴于此，两种方法在求解时间上的比较意义不是很大。综上所述，上述实验结果表明本章所提出的 HQEA 能够在有效时间内为所求解的基准案例获得较高质量的调度方案。

3.4.2　随机算例验证

为进一步对上述所提出的 HQEA 进行验证与评价，设计如下随机生成算例测试方案：首先，设置自动化制造单元中的工作站数量 $n\in\{10, 15, 18, 20, 22\}$。其次，为有效生成工件在各个工作站上的柔性加工时间上下界值以及机器人的行驶时间等参数，令 $U(a, b)$表示在参数 a 和 b 之间服从均匀分布的函数。以上述工作为基础，设计了两组不同类型的随机生成算例。其中，第一组随机生成算例（Group1）的设计方式为：工件在工作站 M_i 上的柔性加工时间上下界值为 $a_i= U(30, 120)$和 $b_i = a_i + U(10, 750)$，$1\leqslant i\leqslant n$。再次，机器人在相邻两个工作站 M_i 和 M_{i+1} 之间的空驶时间参数为$\delta_{i,\ i+1}= U(3, 6)$，$0\leqslant i\leqslant n$。以此为基础，机器人在任意两个工作站 M_i 和 M_j 之间的空驶时间参数为 $\delta_{i,j}=\delta_{j,i}=\sum_{m=i}^{j-1}\delta_{m,m+1}$，$i<j$，$0\leqslant i, j\leqslant n+1$。此外，机器人执行搬运作业 i 所需要花费的时间为 d_i=20+ $\delta_{i,\ i+1}$，$0\leqslant i\leqslant n$。第二组随机生成算例（Group2）的设计方式为：$a_i= U(40, 120)$和 $b_i = 30+ U(1, 8)\times a_i$，$1\leqslant i\leqslant n$；$\delta_{i,\ i+1}= U(2, 5)$，$0\leqslant i\leqslant n$；$\delta_{i,j}=\delta_{j,i}=\sum_{m=i}^{j-1}\delta_{m,m+1}$，$i<j$，$0\leqslant i, j\leqslant n+1$ 以及 d_i=15+$\delta_{i,\ i+1}$，$0\leqslant i\leqslant n$。为贴近实际生产过程，上述参数设置方式是以经典文献[10][12][69]中出现的实际工业生产案例的相关数据维度为主要参考依据的。最后，对于每个给定的 n 值，每次生成 5 个不同的随机算例用于 HQEA 的测试与评价工作。

表 3-2 给出了对各个随机生成算例使用**规则 1** 后的实际解空间大小。如前所述，对于给定 n 值条件下的每个随机生成算例，量子染色体的完整搜索空间为 2^{n-1}。由表 3-2 可以看出，在使用**规则 1** 后，共有 22 个随机生成算例（注：表格中的加粗字体）的搜索空间得以缩小。由表中相关数据可以看出，**规则 1** 为 HQEA 在求解上述 22 个随机算例

时总体上缩小了 50%～87.5%的搜索空间。综上所述，本章所设计的搜索空间缩减**规则 1** 对于所研究的调度问题是有效的。

表 3-2　使用搜索空间缩减规则 1 后的各个随机算例解空间大小

n	Group1					Group2				
	1	2	3	4	5	1	2	3	4	5
10	2^{9}	2^{8}	2^{9}	2^{9}	2^{9}	2^{9}	2^{9}	2^{9}	2^{9}	2^{9}
15	2^{14}	2^{14}	2^{14}	2^{13}	2^{14}	2^{14}	2^{14}	2^{14}	2^{14}	2^{14}
18	2^{16}	2^{17}	2^{17}	2^{16}	2^{17}	2^{16}	2^{17}	2^{17}	2^{16}	2^{15}
20	2^{18}	2^{19}	2^{19}	2^{17}	2^{18}	2^{18}	2^{18}	2^{18}	2^{18}	2^{19}
22	2^{18}	2^{21}	2^{20}	2^{20}	2^{18}	2^{19}	2^{20}	2^{21}	2^{19}	2^{19}

首先，本节将提出的算法 HQEA 与 SQEA㊀进行了比较。表 3-3 给出了两种方法求解两组不同随机生成算例的对比测试结果。从表中数据（“生产周期方案平均值”和“计算时间平均值”）可以看出，本章提出的 HQEA 不但在计算时间上要比 SQEA 更快，而且能够获得更高质量的调度方案㊁。由两组随机测试算例的标准差值（即表中“AD”）可以看出，随着调度问题规模的不断扩大，相比 SQEA 而言，本章提出的 HQEA 所获得的调度方案的质量也就越高。综上所述，本章提出的改进型解码策略总体上要优于 SQEA 使用的移位解码策略。

表 3-3　改进型解码机制与移位解码机制对比测试结果

n	Group1					Group2				
	生产周期平均值/s			计算时间平均值/s		生产周期平均值/s			计算时间平均值/s	
	HQEA	SQEA	AD	HQEA	SQEA	HQEA	SQEA	AD	HQEA	SQEA
10	400.4	401.2	−0.20%	6.74	10.12	318.4	318.4	0	6.83	17.8
15	607.2	628	−3.31%	24.56	51.79	470.6	470.8	−0.04%	37.44	146.68
18	808.8	817.4	−1.05%	54.88	286.55	627.4	638.2	−1.69%	49.46	267.57
20	897.2	927.8	−3.30%	117.53	360.14	678.6	690.2	−1.68%	141.02	275.59
22	1058.6	1351.2	−21.65%	274.43	315.62	802.6	878.2	−8.61%	190.16	373.43

其次，表 3-4 和表 3-5 分别给出了使用 HQEA、优化软件 CPLEX 以及 TS 算法[4]三

㊀ SQEA 算法是基于移位解码策略的量子进化算法。

㊁ 由于所研究问题的目标函数为最小化生产周期，因而优化算法所获得的生产周期方案平均值越小，相应方案的质量就越高。

种不同调度方法求解随机生成算法组 1（Group1）和随机生成算例组 2（Group1）的对比测试结果。如表所示，当 n=10 时，HQEA、优化软件 CPLEX 以及 TS 算法均获得了相同的生产周期方案平均值。对于其他类型的随机生成算例，由表中的“AD^2”一栏可以看出，HQEA 获得了比 TS 算法更高质量的调度方案。HQEA 与 TS 算法在“生产周期方案平均值”上的标准差为负数，数据范围在–5.89%～–1.9%之内（见表 3-4）和在–3.93%至–0.42%之内（见表 3-5）。不难看出，AD^2 的值越小，相比 TS 算法而言，HQEA 算法获得的调度方案的质量也越高。总之，HQEA 要比 TS 算法更为有效。此外，由表 3-4 和表 3-5 还可以看出，优化软件 CPLEX 获得了比 HQEA 和 TS 算法质量更高的调度方案，但却花费了数倍的求解时间。由 AD^1 可以看出，随着问题规模的不断扩大，HQEA 与 CPLEX 在“生产周期方案平均值”上的标准差也变得越大，但是总体在 4%（见表 3-4）和 3%（见表 3-5）的可接受范围之内。

表 3-4　随机测试算例组 Group1 对比测试结果

n	生产周期平均值/s					计算时间平均值/s		
	HQEA	TS	CPLEX	AD^1	AD^2	HQEA	TS	CPLEX
10	400.4	400.4	400.4	0	0	6.74	2.7	1.44
15	607.2	624.6	602.4	0.8%	–2.79%	24.56	19.95	42.95
18	808.8	859.4	797.6	1.4%	–5.89%	54.88	32.16	1351.53
20	897.2	914.6	865.8	3.63%	–1.90%	117.53	114.51	1692.12
22	1058.6	1122.4	1025	3.28%	–5.68%	274.43	211.34	2712.38

注：AD^1 和 AD^2 分别表示 HQEA 与 CPLEX 优化软件和 TS 算法所获得的生产周期方案平均值的标准差，它们的计算公式分别为：AD^1=（HQEA–CPLEX）/CPLEX×100%，AD^2=（HQEA–TS）/TS×100%。

表 3-5　随机测试算例组 Group2 对比测试结果

n	生产周期平均值/s					计算时间平均值/s		
	HQEA	TS	CPLEX	AD^1	AD^2	HQEA	TS	CPLEX
10	318.4	318.4	318.4	0	0	6.83	4.58	1.38
15	470.6	472.6	466.4	0.9%	–0.42%	37.44	62.35	51.50
18	627.4	636.4	612.6	2.42%	–1.41%	49.46	92.84	324.24
20	678.6	684	661.8	2.54%	–0.79%	141.02	53.52	1077.9
22	802.6	835.4	779.8	2.92%	–3.93%	190.16	102.62	1897.76

最后，在计算时间方面，由表 3-4 和表 3-5 可以看出，对于除了 n=10 的随机算例组以外，HQEA 和 TS 算法在求解随机算例的平均时间方面总体上都要好于优化软件

CPLEX。同时，TS 算法的计算时间性能总体上要好于 HQEA（n=15 和 n=18 除外）。但是不难看出，二者之间的差距通常比较小，属于可接受的范围。另外，从表 3-4 和表 3-5 还可以看出，三种方法的求解时间总体上都会随着问题规模 n 的不断扩大而变长，但是优化软件 CPLEX 的求解时间增长幅度要远远大于其他两种方法的求解时间增长幅度。这说明，优化软件 CPLEX 在求解此类大规模的调度问题时将会消耗大量的计算资源和时间。HQEA 算法可以在节约计算时间和获得较高质量的调度方案两个方面做到有效的平衡。综上所述，本章为柔性自动化制造单元单目标调度问题所提出的 HQEA 是有效的。

3.5 本章小结

本章主要为柔性自动化制造单元单目标调度问题提出基于改进量子进化算法的智能调度方法，研究目标是获得一组最优的机器人搬运作业顺序方案以最小化生产周期。首先，在对所研究问题进行详细分析的基础上，利用数学规划方法建立数学模型。其次，针对量子染色体直接转换成序列染色体中间过程烦琐、效率低的问题，通过对问题的详细分析，并结合量子染色体和工作站初始状态的特点，提出了多种有效地将量子染色体直接转换成序列染色体的解码方式。通过确定量子染色体中所有量子比特的模态，应用所设计的解码规则产生多组初始解，并从多种初始解中选择最好的初始解作为相应的序列染色体；此外，为解决进化过程中产生的不可行解，提出了基于柔性加工时间约束的不可行解修复策略；通过引入自适应遗传交叉和变异操作，提高了算法的优化效果。最后，以经典算例和大量随机算例验证了算法的有效性。实验结果表明，与现有通用调度方法（优化软件 CPLEX）以及 TS 算法相比，本章所提出的具有不可行解修复机制的混合量子进化算法能够在较短时间内获得较高质量的调度方案。

第4章 柔性自动化制造单元多目标调度

4.1 引言

为便于理解，本章节以印制电路板电镀行业为例阐述所研究双目标调度问题的背景及意义。由于工艺流程的特殊性，印制电路板电镀是高污染（主要包括废水、废气、化学与重金属残留溶液等排放物）、高资源消耗量（主要包括水、电等）的行业。因此，在水资源短缺日益严重与民众环境保护意识日益强烈的时代背景下，大多数电镀企业都面临着前所未有的经营与发展危机。典型的印制电路板基件电镀银工艺流程一般为[1][114]：强碱除油→水洗→酸洗→水洗→浸锌→水洗→镀铜→水洗→镀银→氰化光亮镀银→回收洗→水洗→银保护→水洗→干燥，其中强碱除油是指利用含有氢氧化钠等物质的化学溶液去除基件表面的油污；酸洗是指利用硫酸或盐酸溶液去除基件表面上的锈蚀物和氧化物等薄膜；水洗是指利用清洁水清洗基件表面附着的化学残留物和污垢等；镀铜或镀银是指利用电解原理在基件表面上沉淀出附着良好且均匀的铜或银的覆盖层。

由以上描述不难理解，在满足生产工艺要求的前提下，工件在工作站上的停留时间越短，其所消耗的水、电及化学溶液等资源的数量通常也就越少，相应的生产成本也就越低。此外，由于电镀企业在生产过程中还会排放出废水、废气及重金属残留溶液，因而在生产过程中消耗的资源量越少，电镀设备产生的废弃物也就越少，企业的废物处理成本也就越低。由于水资源与电力资源的严重不足以及民众环保意识的不断增强，世界各国政府都制定了严苛的法律条例来限制电镀企业对于水、电等重要资源的消耗量以及废弃物的排放量。如果超出法律的规定量，政府主管部门将会对相应企业采取较为严厉的行政处罚措施。例如，各国政府通常不但会对高污染的电镀企业开出巨额罚单以促使其改进生产工艺流程，而且还会对水、电资源消耗量大的电镀企业收取数倍于居民消费价格的工业消费价格，以促使其合理利用、节约资源。

由于大多数电镀企业都面临着资金不足与环境污染行政处罚的双重压力，如何从生产运作与管理层面入手合理分配与优化水、电等资源在各项工序环节的使用量，以最大限度地降低生产过程中资源消耗量以及减少污染物排放量（这些间接等效于降低生产成本），这不仅能有效缓解电镀企业面临的经营与发展危机，还是企业实现可持续发展战略的重要途径之一。综上所述，研究同时最大化生产效率与最小化生产成本的自动化制造单元双目标调度问题具有重要的理论与现实意义。研究成果将为我国电镀企业在合理使用水、电等重要资源，减少污染物排放量以及降低生产成本等方面提供重要的生产运作与管理理论支撑。

为降低自动化制造单元多目标调度问题的求解复杂性，部分学者比如 Kuntay 等人[28]、Subaï 等人[29]，为自动化制造单元双目标调度问题提出了相似的双层优化算法，其主要求解过程如下：首先使用第一层优化算法对最大化生产效率这一目标函数进行优化求解，然后将该优化结果作为强制性约束条件加入到所求解的问题中，然后再使用第二层优化算法对第二个目标函数（最小化水的总消耗量或生产成本）进行优化求解。不难看出，上述双层优化算法无法为所求解的双目标调度优化问题同时获得多个不同的 Pareto 最优解。最近，也有学者研究了同时最小化生产周期与机器人旅行时间（或调度方案鲁棒性）的自动化制造单元双目标调度问题，并提出了基于迭代 epsilon 约束法的双目标调度理论与方法[30][31]。近年来，Yan 等人[115]则为可重入自动化制造单元双目标调度问题提出了基于差分进化的调度算法。

不难理解，机器人搬运作业顺序的有效调度与优化对于最大化生产效率来说至关重要。在每个生产周期内，机器人从装载站上搬走的工件越多，生产系统的效率也就越高。此外，因为工件在各个工作站上的实际加工时间必须要满足相应的柔性加工时间约束，所以机器人调度方案和工件的生产成本大小都与工件的实际加工时间有关。换言之，如何对机器人搬运作业进行优化与调度对于降低生产成本也有着至关重要的影响。由上述可知，通过最优化机器人搬运作业调度方案以达到同时最小化生产成本与最大化生产效率两个不同的目标可能存在冲突。换言之，调度方案的变化可能会改进一个目标函数的优化结果但同时也可能会损害另一个目标函数的优化结果。例如，假设调度方案 A 所对应的生产成本高于调度方案 B 所对应的生产成本，但前者对应的生产效率要比后者的高。因此，很难在调度方案 A 与调度方案 B 之间判断谁优谁劣。由此可见，多目标优化问题通常不单单只有一个最优解，而是存在多个不同的 Pareto 最优解或非支配解[116]。

为解决上述多目标优化问题解的评价问题，学者们提出了多种不同的评价方法，例如基于 Pareto 排序的评价方法（Pareto-dominance Approach）、基于目标加权的评价方法（Objective Aggregation Approach）、字典排序法（Lexicographic Ordering Approach）等。首先，基于 Pareto 排序的评价方法在多目标优化问题的求解过程中最为常用，其使用 Pareto 支配关系与拥挤距离的概念来评价每个解，最终可以得到多个最优解。其次，也有学者通过为每个目标函数分配不同的权重并对所有的目标与其权重的乘积进行线性求和，从而将原有的多目标优化问题转化为单目标优化问题，实现了降低原有问题的求解复杂度。这种方法的缺点是算法运行 1 次只能得到原问题的 1 个最优解。再次，由于权重分配方案对解的评价结果影响太大（注：各个目标权重的分配由人来确定，主观性较大），因此这种评价方法在实际过程中并不是特别实用。最后，也有其他学者依据目标函数的重要性按顺序对每个目标进行逐个优化，这称为字典排序法。此种评价方法的缺点是依据重要性有效确定不同目标函数的优化顺序比较困难。

综上所述，目前针对同时实现最大化生产效率与最小化生产成本的自动化制造单元双目标调度问题还缺乏有效的调度算法。因此，本章对上述双目标调度问题进行研究，使用禁止区间法（Method of Prohibited Intervals，MPI）建立上述调度问题的数学模型，同时设计了基于量子进化算法与局部搜索策略相结合的多目标优化算法对所提出的数学模型进行求解。在编解码方式上，该算法将量子染色体直接转换为工件的实际加工时间，并以此为基础使用多项式算法获得了相应的双目标函数的值。然后，使用 Pareto 排序法对种群个体进行评价，并在进化过程中采用混沌量子旋转门与遗传变异操作相结合的方式对染色体个体进行更新操作，并使用外部档案策略维护与更新进化过程中所获得的所有 Pareto 最优解。最后，以实际案例对所提出的双目标优化算法进行了有效性验证。

4.2　问题描述及数学建模

4.2.1　问题描述及基本数学模型

本章研究同时实现最大化生产效率（其等价于最小化生产周期）与最小化生产成本的自动化制造单元双目标调度问题，其中第二个优化目标是指最小化每个生产周期所消耗的水、电等资源的总成本，由于该研究问题与前一章所研究的单目标调度问题的唯一区别是优化目标的数量不同，在此就不再赘述。

为便于问题建模，定义以下参数与变量：

r_i：工件在工作站 M_i 上的单位时间加工成本，$1 \leqslant i \leqslant n$。为简化表述形式，令 R 统称为工件在各个工作站上的加工单位时间成本，即 $r_1, r_2, r_3, \cdots, r_n$。这些数值会在具体算例中给出。

p_i：工件在工作站 M_i 上的实际加工时间，$1 \leqslant i \leqslant n$。由于实际加工时间要满足柔性加工时间约束，可知 $L_i \leqslant p_i \leqslant U_i$，且 $p_i = Ts_i + t_i - (t_{i-1} + d_{i-1})$。另外，为简化表述形式，令 P 代表工件在各个工作站上的实际加工时间，即 $p_1, p_2, p_3, \ldots, p_n$。

基于以上工作以及上一章所定义的参数与变量，本章所研究的同时最小化生产周期与生产成本的自动化制造单元双目标调度问题的数学模型可表为

$$\text{Min. } f_1 = T$$

$$\text{Min. } f_2 = \sum_{i=1}^{n} r_i p_i$$

s.t.　式（3-1），式（3-2），式（3-4），式（3-6）

在上述双目标数学模型中，第一个优化目标（即 f_1）为最小化生产周期 T，第二个优化目标（即 f_2）为最小化生产周期方案对应的生产成本。如第 3 章所述，如果某一个机器人搬运作业顺序方案 H 能够同时满足上述模型中所有约束条件，那么方案 H 就是此类单目标调度问题（以最小化生产周期 T 为优化目标）的一个可行调度方案。更为重要的是，由可行调度方案 H 还可以得知决策变量 T、t_i 以及 s_i 的值；以此为基础，便可进一步获知第二个优化目标的函数值。换言之，由于 r_i 为已知值，所以不难理解，自动化制造单元单目标调度问题（以最小化生产周期为优化目标）的可行调度方案 H 也是本章所研究的双目标调度优化问题的可行调度方案，且两个优化目标的函数值也可以同时得到。

由以上论述似乎可以得出下述结论：第 3 章为求解以最小化生产周期为优化目标的自动化制造单元单目标调度问题而提出的混合量子进化算法（HEQA）同样也适用于求解本章所研究的同时实现最小化生产周期与生产成本的自动化制造单元双目标调度问题。但事实并非如此，原因有以下两个方面：

第一，不难理解，上一章为单目标混合量子进化算法所设计的解（即调度方案）的评价方式不再适用于对多目标优化问题的解或调度方案进行评价。这是因为单目标优化问题最优解（即决策方案）的选择只取决于单个目标，而多目标优化问题解的优劣性评价需要考虑多个不同甚至相互冲突的目标函数，因此其最优解的选择取决于多个不同甚至相互冲突目标的满足程度。比如，假设由可行调度方案 H_1 获得的两个优化目标（即生产周期和生产成本）的函数值分别为 T_1 和 $f_2(T_1)$，由可行调度方案 H_2 获得的两个优化目

标（即生产周期和生产成本）的函数值分别为 T_2 和 $f_2(T_2)$，且有 $T_1<T_2$ 与 $f_2(T_1)>f_2(T_2)$成立，那么意味着调度方案 H_1 比调度方案 H_2 具有更高的生产效率，但后者却比前者却有着更低的生产成本。因此，单目标混合量子进化算法无法确定调度方案 H_1 与调度方案 H_2 的优劣。

第二，更为重要的是单目标混合量子进化算法所使用的调度方案可行性检测方法只能为每个被检测的可行调度方案 H 找到一个最小的生产周期 T（即 f_1）；以此为基础，再计算出该可行调度方案 H 所对应的第二个目标函数值 f_2。因此，该可行性检测方法只能为每个被检测的可行调度方案 H 找到一个解(f_1, f_2)。但是，不难理解，一个可行的调度方案 H 可能会对应多个不同的生产周期，比如 T_1、T_2、T_3 等，这些不同的生产周期方案也可能会对应着不同的生产成本。换言之，一个可行的调度方案 H 可能会对应多个不同组合的目标函数值（即 f_1 和 f_2）。因此，上一章所提出的混合量子进化算法在求解本章所研究的双目标优化问题时存在严重不足，即无法为每个可行调度方案找到所有可行的生产周期方案以及所对应的生产成本方案。

综上所述，本章需要为所研究的双目标优化问题提出新的基于量子进化算法的多目标调度方法。

4.2.2　改进的双目标数学模型

由以上描述不难看出，如果工件在各个工作站上的实际加工时间能够确定（即 P 值为已知），本章所研究的双目标调度优化问题便可转化为以最小化生产周期 T 为单一优化目标的调度问题。在此需要指出的是，Levner 等人[117]已为以最小化生产周期为优化目标的具有固定加工时间（即 P 值为已知）的自动化制造单元调度问题提出了高效的多项式算法，其计算复杂度为 $O[n^3\log(n)]$，其中 n 为工作站的数量。因此，本章首先使用 Levner 等人[117]提出的禁止区间法对所研究的双目标调度与优化问题进行重新建模，然后使用他们所提出的多项式算法来获取相应的生产周期与生产成本两个优化目标的函数值。综上所述，本章为所研究的双目标调度与优化问题提出的改进数学模型如下[19][117]：

$$\text{Min. } f_1(P)=T$$

$$\text{Min. } f_2(P)=\sum_{i=1}^{n} r_i p_i$$

s.t.

$$Z_i=\sum_{j=1}^{i}(d_{j-1}+p_j),\quad 1\leqslant i\leqslant n \tag{4-1}$$

$$T \notin V \equiv \bigcup_{i=1}^{n}(-\infty, Z_i - Z_{i-1} + d_i + \delta_{i+1,i-1}) \tag{4-2}$$

$$T \notin I \equiv \bigcup_{i=1}^{n}\bigcup_{j=0}^{i-1}\bigcup_{k=1}^{i-j}((Z_i - Z_j - d_j - \delta_{j+1,i})/k, (Z_i - Z_j + d_i + \delta_{i+1,j})/k) \tag{4-3}$$

$$a_i \leqslant p_i \leqslant b_i, \qquad 1 \leqslant i \leqslant n \tag{4-4}$$

式中，Z_i 表示工件 0（假定它在第一个生产周期的开始时刻进入制造单元，因此有 $Z_0=0$）的第 i 项处理工序的结束时间，即机器人将工件 0 从工作站 M_i 开始搬离的时间，$1 \leqslant i \leqslant n$。同理，$Z_i+mC$ 表示工件 m 的第 i 项处理工序的结束时间（注：如前所述，每个生产周期只有一个工件进入制造单元。因此，工件 m 是在第 m 个生产周期的 mT 时刻被机器人搬运到制造单元中），$0 \leqslant i \leqslant n$。

式（4-2）和式（4-3）共同划定了生产周期 T 的不可行域。换言之，只要 T 的取值不属于规定的不可行区间，那么它就是所研究问题的一个可行调度解。具体来说，式(4-2)规定了如果存在某种生产周期方案 $T' \in V$，则表明此项调度方案存在让多个工件同时在某一个工作站上进行加工处理的情况发生，很显然这违反了工作站的加工能力限制约束(其规定在同一时刻一个工作站最多只能同时加工一个工件)，那么 T^0 为不可行调度解。然后，式（4-3）规定了如果存在某种生产周期方案 $T^0 \in I$，则表明方案 T^0 中存在机器人使用冲突问题，即机器人没有足够的时间来执行两项相邻的搬运任务，那么 T^0 也为不可行调度解。最后，式（4-4）确保了工件在各个工作站上的柔性加工时间约束得到满足。

4.3 Pareto 最优解概述

多目标优化问题（Multi-objective Optimization Problem, MOP）是指在满足一定约束条件的情况下，使得所求解问题的多个不同目标都能达到最优。实际上，现实生活中差不多所有的优化问题都存在多个目标，而且一般情况下这些不同的目标之间还存在相互冲突或者相互竞争的关系。不难理解，某一个目标函数性能提升的同时很可能会降低其他几个目标函数的性能。由此看来，对于多目标优化问题，几乎不存在同时使得所有目标都达到最优的决策或解决方案，因而其最优方案的选择需要在多个不同目标函数之间进行折中与协调处理。与单目标优化问题相比，多目标优化问题更加复杂，求解难度也更高。对于一个只有 2 个不同目标函数和若干约束条件的多目标优化问题，其数学模型的表达式可写为[116]：

$$\text{Min } F(x)=[f_1(x), f_2(x)]$$
$$\text{s.t. } x \in X$$

模型中，$f_i(x)$表示问题的目标函数 i，$1 \leqslant i \leqslant 2$；$x$ 表示多目标优化问题的决策变量；X 表示多目标优化问题的约束条件或者解空间范围。

如前所述，由于多个目标之间可能存在相互冲突以及无法比较的情况，某个解能够使得问题的某一个目标函数达到最优值，但它同时也可能会使得其他目标函数值变得更差。这种在改进某些目标函数值的同时，必然会损害（至少一个）其他目标函数值的解被称为 Pareto 最优解或非支配解（Non-dominated Solutions）[116]。非支配解与受其支配的其他解相比，拥有最少的目标冲突，因此可以给决策者提供一种在多个目标之间均折中的解决方案。简而言之，非支配解是指在所有可行解域中,已找不到使每一目标都能改进的解。非支配解的定义如下[116]：

假设存在两个不同的解 $x_1 \neq x_2$，x_1、$x_2 \in X$，如果存在 $f_1(x_1) \leqslant f_1(x_2)$且 $f_2(x_1) < f_2(x_2)$，或者存在 $f_1(x_1) < f_1(x_2)$且 $f_2(x_1) \leqslant f_2(x_2)$，那么我们称解 x_1 支配解 x_2。此外，如果解 x_1 不受任何其他解的支配，那么我们称 x_1 为多目标优化问题的一个非支配解，也称为 Pareto 最优解。

通常情况下，多目标优化问题并不只有一个最优解，而是存在一个由多个非支配解构成的 Pareto 最优解集。所有非支配解在空间上形成的曲面通常被称为 Pareto 前沿（Pareto Front）。所有位于 Pareto 前沿上的解都不受其他的解所支配。

4.4 多目标量子进化算法

为求解第 4.2 节所建立的改进双目标数学优化模型，本节设计了一个基于量子进化与局部搜索策略相结合的多目标优化算法，以便为所研究的同时最小化生产周期和生产成本的双目标调度问题获取一组 Pareto 最优调度方案。如图 4-1 所示，本节提出的多目标量子进化算法主要由量子染色体编解码方案、基于 Pareto 排序的个体适应值评价方法、混沌量子旋转门、遗传变异操作、外部档案（External Archive）维护与更新机制以及局部搜索策略等主要部分组成。其中，量子染色体编解码方案主要负责如何对量子染色体进行编码以及如何将其转化为工件在工作站上的实际加工时间 P；基于 Pareto 排序的个体适应值评价方法负责使用 Pareto 排序技术对种群个体进行评价、排序并从中找出一组 Pareto 最优解集；混沌量子旋转门与遗传变异操作是用来对种群执行更新进化操作；外部档案维护与更新机制负责保存算法在进化过程中所获得的所有 Pareto 最优解；局部搜索策略负责对保存在外部档案中的 Pareto 最优解执行邻域搜索操作以尽可能获取更高质量的 Pareto 最优解。算法在达到最大迭代次数（Maxgen）后终止运行并输出所获得的所有 Pareto 最优调度方案。下面对算法的各主要组成部分进行详细介绍。

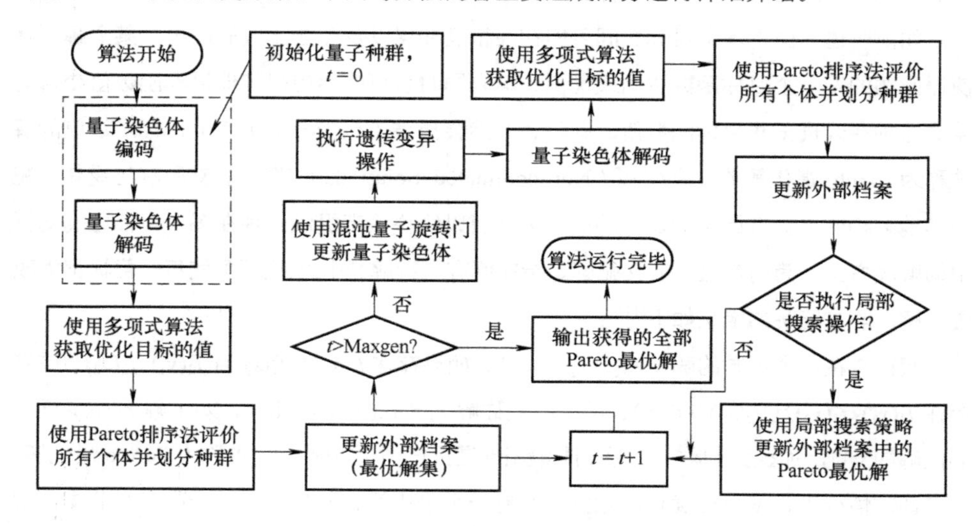

图 4-1　多目标量子进化算法流程图

4.4.1　量子染色体编码与解码

如前所述，使用 Levner 等人[117]提出的多项式算法求解所建立的双目标优化模型的前提条件是必须要能够知道工件在各个工作站上的实际加工时间，即 p_1，p_2，p_3，…，p_n。因此，算法采用 n 个量子比特的概率幅来编码染色体（长度为 n），其中量子比特 i 的概率幅$[\alpha_i, \beta_i]^{\mathrm{T}}$表示工件在工作站 M_i 上的实际处理时间 p_i，$1\leqslant i\leqslant n$。综上所述，量子染色体的定义如下[77][78]：

$$\Psi_n=\begin{bmatrix}\alpha_1\left|\alpha_2\right|\cdots\left|\alpha_n\right.\\ \beta_1\left|\beta_2\right|\cdots\left|\beta_n\right.\end{bmatrix},\ |\alpha_i|^2+|\beta_i|^2=1,\ 1\leqslant i\leqslant n \tag{4-5}$$

接下来的工作就是如何将量子比特 i 的概率幅$[\alpha_i, \beta_i]^{\mathrm{T}}$转化为工件在工作站 M_i 上的实际处理时间 p_i，且必须满足相应的柔性加工时间约束，即 $L_i\leqslant p_i\leqslant U_i$，$1\leqslant i\leqslant n$。由式（4-5）可以看出，$\alpha_i$ 和 β_i 的取值范围同为[−1, 1]。因此，可令 $\alpha_i=\cos(\sigma_i)$，$\beta_i=\sin(\sigma_i)$以及 $\sigma_i=2\pi\times rd$，其中 $\pi=3.1415926$，rd 为[0, 1]范围内产生的随机数。然后，使用下述两种方式对每条量子染色体执行解码操作[79]：

$$p_i = 0.5 \times (b_i + a_i + (b_i - a_i) \times \alpha_i), 1 \leqslant i \leqslant n \tag{4-6}$$

$$p_i = 0.5 \times (b_i + a_i + (b_i - a_i) \times \beta_i), 1 \leqslant i \leqslant n \tag{4-7}$$

由式（4-6）、式（4-7）不难看出，由量子染色体解码操作产生的实际加工时间 p_i 将会被严格限定在柔性加工时间上下界$[a_i, b_i]$范围之内，因此满足了工件的柔性加工时间约束要求。另外，对每条量子染色体来说，每执行一次解码操作通常可以产生两组不同的 P。综上所述，本章提出的量子染色体编解码方式具有形式简单、易于操作与实现、转换效率高、能够拥有更好的种群多样性等优点。

4.4.2　个体适应值评价

由上述可知，在完成量子染色体的解码操作之后，每条量子染色体对应着两种不同的实际加工时间方案 $P1$ 和 $P2$。也就是说，假如量子种群的规模为 N_p，那么经过解码操作，需要对 $2N_p$ 个不同的实际处理时间方案 P 进行评价并分配相应的适应值。为此，首先使用 Levner 等人[117]提出的多项式算法获得每种方案 P 所对应的两个优化目标的函数值，即 $f_1(P)$和 $f_2(P)$。然后，使用 Deb 等人提出的基于 Pareto 支配关系的快速排序方法对所有个体进行评价并分配适应值[118][119]。具体过程如下[118][119]：首先，使用基于 Pareto 支配关系的快速划分方法将整个种群划分成 K 个不同层次 F_1，F_2，F_3，…，F_K，其中同属于 F_i 层的各个解互相不支配，但它们都支配属于 F_j 层的所有解，$i<j\leqslant K$。由此可知，F_1 包括了多目标量子进化算法在每一代所产生的所有非支配解（即 Pareto 最优解）。此外，不难看出，上述方法只能确定属于不同层级的各个解之间的支配关系，以此为基础，可以给属于不同层级的各个解分配不同的适应值，但无法为同属于某一层级的各个解分配相应的适应值，这是因为同一个层级的各个解互相不支配。因此，我们使用个体拥挤距离计算法来测算属于同一层级的各个解之间的拥挤程度，并以此为基础，为它们分配不同的适应值。为便于下面介绍上述两种方法，令 nd_p 表示对解 P 具有支配地位的解的数量；令Ω_p 表示在当前种群中被解 P 所支配的解的集合；令 Rank_p 表示解 P 所属的层级。由上述可知，如果有 $nd_p=0$，则表明解 P 属于 F_1，也就是说它不被任何其他的解所支配。下面介绍在个体适应值评价过程中所使用的基于 Pareto 支配关系的种群划分方法和个体拥挤距离计算方法[118][119]。

1. 基于 Pareto 支配关系的种群划分方法

步骤（1）：方法开始。首先，对于种群中的任意解 P，设定 $nd_p=0$ 以及$\Omega_p=\varnothing$；其次，

依据解 p 与其他解的支配关系，确定 nd_p 和 Ω_p 的取值。

步骤（II）：对于任意解 P，如果∃ nd_p=0，那么就将解 P 放进第一层 F_1，同时将 Rank_p 和 k 的值设置为 1。

步骤（III）：如果∃$F_k \neq \varnothing$，那么设置 $Q=\varnothing$；否则，跳转至步骤（VI）。

步骤（IV）：对于任意解 $P \in F_k$，设置 $nd_q=nd_q-1$ 对于所有解 $q \in \Omega_p$；如果∃nd_q=0，那么将解 q 放入到集合 Q 中，即 $Q=Q \cup q$。

步骤（V）：首先，令 $k=k+1$，然后设置 $F_k=Q$；再者，对于任意解 $q \in F_k$，令 $\text{Rank}_q=k$，然后跳转至步骤（III）。

步骤（VI）：令 $K=k-1$。方法结束。

2．个体拥挤距离计算方法

步骤（I）：首先，将 F_k 层（k=1，2，…，K）中的所有解（假设共有 J 个解）按照目标 i（i=1，2，…，G，其中 G 为优化目标的总个数）的函数值进行从小到大排序，即 P_1，P_2，P_3，…，P_j；由上述可知，解 P_1 和解 P_j 为两个边界解（即目标函数 i 的最小值和最大值），因此，不失一般性的令它们在目标 i 上的拥挤距离为无限大的数，即 $\text{Dis}_i(P_1)=\text{Dis}_i(P_j)=M$，其中 M 为一个非常大的正数（见图 4-2）。

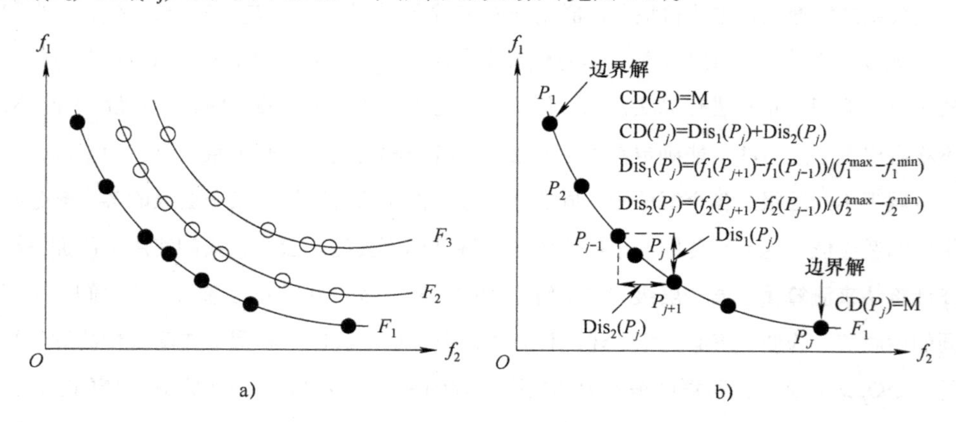

图 4-2 基于 Pareto 支配关系的个体评价方法应用示例

a) 种群划分过程示例 b) 拥挤距离计算过程示例

步骤（II）：对于目标 i，$1 \leqslant i \leqslant G$，使用式（4-8）计算其他非边界解 P_j（即 P_2，P_3，P_4，…，P_{j-1}）的拥挤距离 $\text{Dis}_i(P_j)$：

$$\text{Dis}_i(P_j)=(f_i(P_{j+1})-f_i(P_{j-1}))/(f_i^{\max}-f_i^{\min}) \tag{4-8}$$

步骤（III）：以上述工作为基础，F_k 层中解 P_j 的拥挤距离 $CD(P_j)$为它在所有目标函数上的拥挤距离之和（见图 4-2），即

$$CD(P_j)=\sum_{i=1}^{G}Dis_i(P_j) \tag{4-9}$$

图 4-2 给出了上述两种方法的综合应用示例。图 4-2 以最小化两个目标函数 f_1 和 f_2 的优化问题为应用背景，其中图 4-2a 描述了种群划分过程示例，如图所示，整个种群被划分为 3 个层级：F_1，F_2，F_3，其中 F_1 包括了所获得的所有非支配解（其用•号表示），它们支配所有属于 F_2 和 F_3 层中的其他解，而 F_2 中的所有解又支配属于 F_3 层中的解。图 4-2b 描述了解 P_j 的拥挤距离计算过程。

通过使用上述评价方法，种群中的每个解 P 都会被分配两种不同的属性值 $Rank_p$ 和 $CD(P)$。对于两个不同的解 P 和 P'，如果存在 $Rank_p<Rank_{P'}$，其表明解 P 支配解 P'，那么就认为解 P 优于解 P'，因此前者的适应值要大于后者的适应值；如果存在 $Rank_p=Rank_{P'}$ 且 $CD(P)>CD(P')$，其表明解 P 与解 P'属于同一个层级，它们之间互相不支配，但是与解 P'相比，解 P 位于相对比较稀疏的区域，因而认为解 P 要好于解 P'。

4.4.3　混沌量子旋转门

在量子进化算法中，通常采用量子旋转门策略对种群中的每条量子染色体进行演化与更新操作。具体来说，量子染色体的进化操作是以量子旋转门对染色体中每个量子比特实施更新操作来实现的。综上所述，量子比特 i（如前所述，它由一对概率幅α_i 和β_i 表示，其中$\alpha_i=\cos(\sigma_i)$，$\beta_i=\sin(\sigma_i)$，σ_i 为相角）的更新方式如下[77][78]：

$$\begin{bmatrix}\alpha_i'\\ \beta_i'\end{bmatrix}=U(\Delta\omega_i)\begin{bmatrix}\alpha_i\\ \beta_i\end{bmatrix}=\begin{bmatrix}\cos\Delta\omega_i & -\sin\Delta\omega_i\\ \sin\Delta\omega_i & \cos\Delta\omega_i\end{bmatrix}\begin{bmatrix}\alpha_i\\ \beta_i\end{bmatrix} \tag{4-10}$$

式中，$[\alpha_i, \beta_i]^T$ 为量子染色体中第 i 个量子比特；$U(\Delta\omega_i)$称为量子旋转门，其中$\Delta\omega_i$ 为旋转角度的大小，它的值直接影响着算法的性能和收敛速度，通常情况下，旋转角度是由算法设计者根据经验或者随机方式设置[77][78][92]。

很显然，这种方法在实际应用过程中有很多的局限性。为此，本章提出了基于混沌序列的量子旋转角度调整策略以有效提高量子染色体的进化质量以及增强算法优化性能的稳定性。具体过程如下：

首先，为了引导量子种群向已知的 Pareto 最优解区域进行更新或搜索，我们从当前已知的 Pareto 解集（即外部档案）中随机选择一个非支配解 P（$P=\{p_1, p_2, p_3, \cdots, p_n\}$）用于引导种群个体的具体进化操作（注：要求选择的非支配解 P 与量子染色体 Y 所对应

的解 P'不能相同）。其次，假设非支配解 P 中的实际加工时间 p_i（$1 \leqslant i \leqslant n$）是由量子比特 m 的某一概率幅γ_i转化而来，而且有$\gamma_i=\cos(\eta_i)$。因此，通过对解码操作式（4-6）实行逆向变换，便可获知γ_i和η_i的具体取值。

其次，通过分析量子比特 m 与量子比特 i 在象限上的分布区域特点，首先确定量子比特 i 的进化方向，然后依据二者的相位差（令其由φ表示，$\varphi=\eta_i-\sigma_i$）确定量子比特 i 的旋转角度值大小。不难理解，直接使用相位差φ可能在很大程度上会降低下一代种群的整体多样性以及使得算法的搜索进程陷入局部最优。为此，本章将混沌序列引入到量子旋转角度的动态生成过程中，因为它具有良好的遍历性和规律性。通常，混沌序列的构造方式如下[120]：

$$\mu_t=4\times\mu_{t-1}\times(1-\mu_{t-1}),\ 1<t \tag{4-11}$$

其中，μ_0 为算法在种群初始阶段在[0,1]范围内产生的随机数。以此数值为基础，算法在第 t 代产生μ_t。

最后，以上述工作为基础，本章设计了基于量子比特相位差φ与混沌序列μ_t相结合的动态调整方法，以便为每个量子比特 i 确定合适的旋转角度值$\Delta\omega_i$和旋转方向。图 4-3 和图 4-4 给出了在确定量子旋转角度方案的过程中需要考虑的八种不同情况，其中 case(1) ~ case(4)在图 4-3 中给出，case(5) ~ case(8)在图 4-4 中给出。此外，图中带箭头的曲线表示为量子比特 i 指定的旋转方向。

下面对图中给出的八种情况进行详细介绍。

首先，如果量子比特 i 位于第一象限，那么需要考虑 case(1)和 case(2)两种情况。

case(1)：如图 4-3 所示，由于$\gamma_i \geqslant 0$，可知量子比特 m 可能位于第一象限或者第四象限之中。然而由于量子比特 i 位于第一象限之中，为简化分析过程，本章将量子比特 m 可能位于第一、四象限的情况进行了合并处理。换言之，如果 $1.5\pi<\eta_i<2\pi$（即量子比特 m 位于第四象限），我们通过令$\eta_i=2\pi-\eta_i$，将量子比特 m 变换到第一象限。以此为基础，将量子比特 i 的旋转角度值$\Delta\omega_i$设定为$\varphi\times\mu_t$，即$\Delta\omega_i=\varphi\times\mu_t$，其作用是促使量子比特 i 尽可能地朝量子比特 m 的位置方向移动。如果$\varphi=0$，则令$\Delta\omega_i=\pm 0.008\pi$，其作用是引导量子比特 i 搜索它的邻近区域。

case(2)：如图 4-3 所示，由于$\gamma_i<0$，可知量子比特 m 可能位于第二象限或者第三象限之中，然而量子比特 i 位于第一象限之中。因此，将量子比特 i 的旋转角度值$\Delta\omega_i$设定为 $0.5\pi\times\mu_t$，即$\Delta\omega_i=0.5\pi\times\mu_t$，其作用是给予量子比特 i 相对较大的旋转角度，以确保它能够进入量子比特 m 的邻近区域进行搜索。

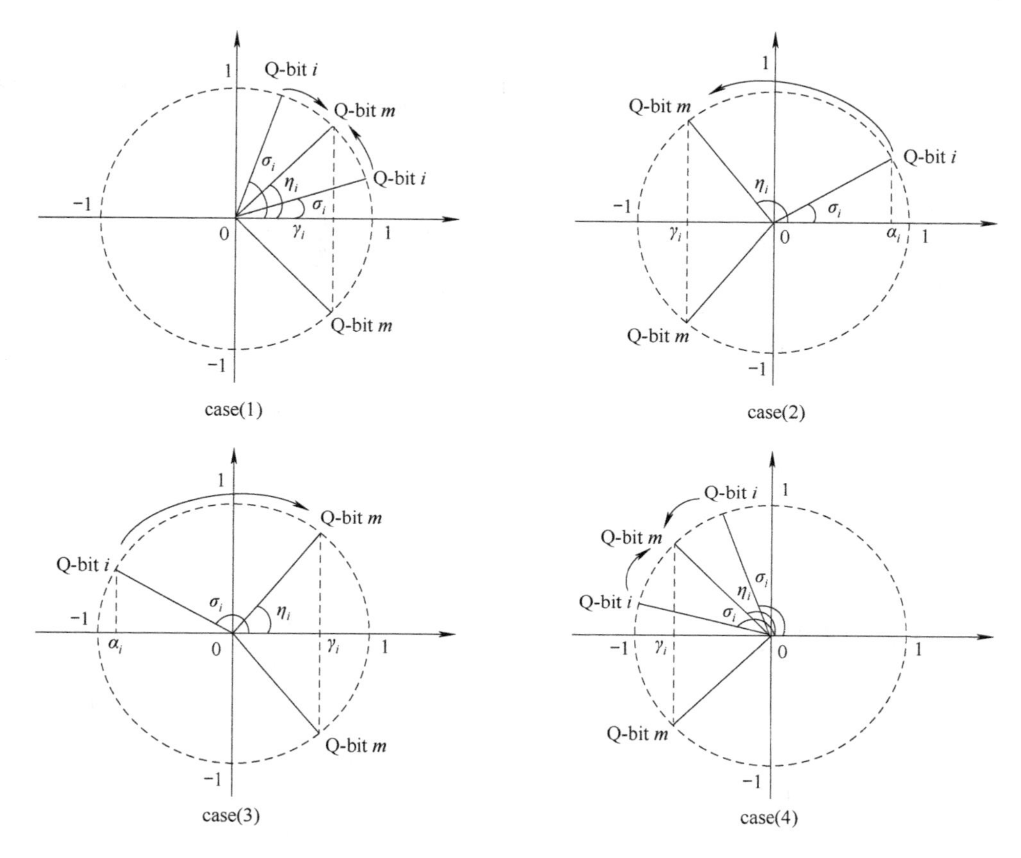

图 4-3 位于第一、二象限的量子比特 i 更新操作示意图

其次，如果量子比特 i 位于第二象限，那么需要考虑 case(3)和 case(4)两种情况。

case(3)：如图 4-3 所示，由于$\gamma_i \geqslant 0$，可知量子比特 m 可能位于第一象限或者第四象限之中，然而量子比特 i 却位于第二象限之中。因此，将量子比特 i 的旋转角度值$\Delta\omega_i$设定为$(-0.5\pi)\times\mu_t$，即$\Delta\omega_i=(-0.5\pi)\times\mu_t$，其作用是给予量子比特 i 相对较大的旋转角度，以便它跳入到第一象限对量子比特 m 的邻近区域进行搜索。

case(4)：如图 4-3 所示，由于$\gamma_i<0$，可知量子比特 m 可能位于第二象限或者第三象限之中。但是由于量子比特 i 位于第二象限之中，为简化分析过程，如果$\pi<\eta_i<1.5\pi$（即量子比特 m 位于第三象限），我们通过令$\eta_i=2\pi-\eta_i$，将量子比特 m 变换到第二象限。以此为基础，将量子比特 i 的旋转角度值$\Delta\omega_i$设定为$\varphi\times\mu_t$，即$\Delta\omega_i=\varphi\times\mu_t$，其作用是促使量子比特 i 尽可能地朝量子比特 m 的位置方向移动。如果$\varphi=0$，则令$\Delta\omega_i=\pm0.008\pi$，其作用是引导量子比特 i 搜索它的邻近区域。

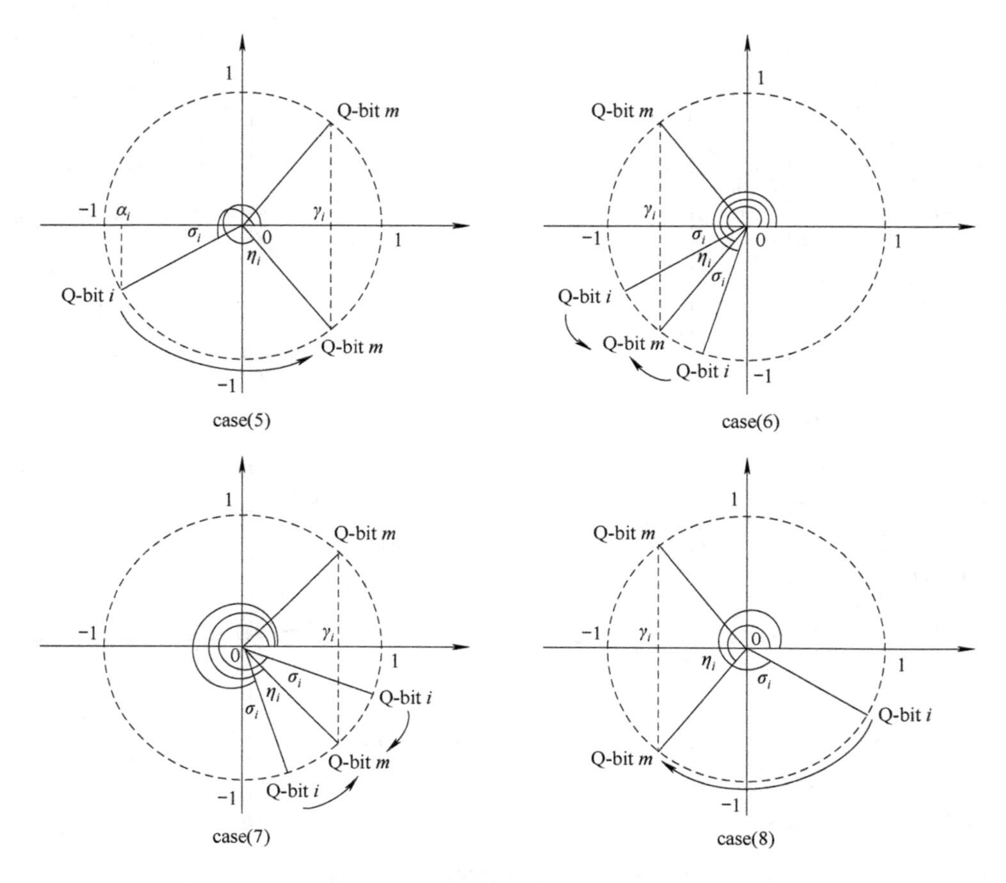

图 4-4　位于第三、四象限的量子比特 i 更新操作示意图

以上分析工作以量子比特 i 处于第一、二象限为背景，分析并且给出了相应的量子旋转角度调整策略。由于量子比特 i 处于第三、四象限的情况与上述分析过程类似，在此不再赘述 case(5)~case(8)。在上述相关工作的基础上，表 4-1 给出了基于量子比特相位差与混沌序列相结合的混沌量子旋转门旋转角度查询表。不难理解，在种群进化过程中，通过使用以上设计的混沌量子旋转门，不同量子染色体相互之间在演化方式上将不仅具有较大的差异性，而且在朝 Pareto 最优解区域进行搜索的方向上具有较好的多样性与分散性。

表 4-1　混沌量子旋转门旋转角度查询表

	$\gamma_i \geqslant 0$, $\varphi = \eta_i - \sigma_i$	$\gamma_i < 0$, $\varphi = \eta_i - \sigma_i$
$\alpha_i > 0$, $\beta_i \geqslant 0$	If $\varphi \neq 0$, $\Delta\omega_i = \mu_t \times \varphi$; else $\Delta\omega_i = \pm 0.008\pi$	$\Delta\omega_i = 0.5\pi \times \mu_t$

（续）

$\alpha_i \leqslant 0,\ \beta_i > 0$	$\Delta\omega_i = (-0.5\pi) \times \mu_t$	If $\varphi \neq 0,\ \Delta\omega_i = \mu_t \times \varphi$ else $\Delta\omega_i = \pm 0.008\pi$
$\alpha_i < 0,\ \beta_i \leqslant 0$	$\Delta\omega_i = 0.5\pi \times \mu_t$	If $\varphi \neq 0,\ \Delta\omega_i = \mu_t \times \varphi$ else $\Delta\omega_i = \pm 0.008\pi$
$\alpha_i \geqslant 0,\ \beta_i < 0$	If $\varphi \neq 0,\ \Delta\omega_i = \mu_t \times \varphi$ else $\Delta\omega_i = \pm 0.008\pi$	$\Delta\omega_i = (-0.5\pi) \times \mu_t$

4.4.4　染色体变异操作

虽然上述编解码策略与混沌量子旋转门更新策略能够为量子种群提供很好的多样性，但是为了尽可能地避免算法陷入局部最优，本章将遗传变异操作引入到量子染色体的更新过程中，以进一步增强量子种群的整体多样性与差异性。具体实施过程如下：首先依据变异概率选择被变异个体，其次，随机生成两个基因点 x 和 y，$1<x, y<n$，然后将在 x 和 y 片段之间的量子比特的两个概率幅进行互换。如果随机产生的两个基因点相同，那么只将对应的量子比特的两个概率幅进行互换。

4.4.5　更新外部档案

在各类型进化算法中，外部档案通常被用于存储和更新种群在进化过程中所获得的所有 Pareto 最优解。不难看出，外部档案的主要作用是避免进化算法由于随机搜索而造成最优个体丢失的情况发生，即维护当前种群中的最优解集，以便其能够遗传到下一代，从而提高优化结果的质量。此外，多目标优化问题的 Pareto 最优解数量通常可能有无限多个，但是由于内存资源是有限的，所以档案规模的大小必须是有限的[119]。

如图 4-5 所示，本章设计的外部档案更新与维护策略如下：首先，在种群初始化阶段（t=0），外部档案（标记为 ND_t）被设置为空。在完成初始种群的适应值评价后，将所获得的 Pareto 最优解复制到 ND_0 中。此后，量子种群每进化一代，都将每代种群产生的 Pareto 最优解保存到外部档案中，并对外部档案进行更新与维护。为便于叙述上述过程，令 ND_{t-1} 表示在 $t-1$ 代中由外部档案保存的 Pareto 最优解集，F_1 为第 t 代种群产生的 Pareto 最优解集。外部档案在第 t 代的更新与维护方式如下：首先，将 ND_{t-1} 与 F_1 合并，即 $ND_t = ND_{t-1} \cup F_1$，然后计算 ND_t 中每个个体的拥挤距离值。其次，在 ND_t 中，如果解 P_1 和解 P_2 二者相同，即 $f_1(P_1)=f_1(P_2)$ 且 $f_2(P_1)=f_2(P_2)$，则将其中一个从 ND_t 中删除；如果解 P_1 支配解 P_2，则将解 P_2 从 ND_t 中删除，反之亦然。此外，如果 ND_t 的大小超出了预先设定的最大规模限制，则从 ND_t 中删除拥挤距离值最小的个体直到外部档案的大小规模满足预先设定的水平。最后，外部档案 ND_t 的更新与维护工作完成，同时也保存了量子种群进化到第 t 代所获得的所有 Pareto 最优解。

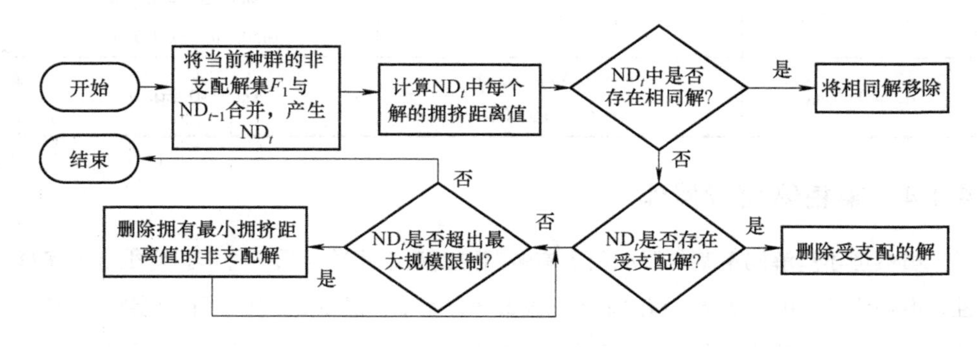

图 4-5　外部档案更新与维护策略

4.4.6　局部搜索策略

如前所述，对于每个由量子染色体通过解码操作产生的加工时间方案 P（$P=\{p_1, p_2, p_3, \cdots, p_n\}$），本章通过使用 Levner 等人[117]提出的多项式算法获得了其对应的最优生产周期 T_b［即 $T_b=f_1(P)$］，然后还获得了相应的生产成本方案 $f_2(P)$以及机器人搬运作业顺序方案 H。但是，不难理解，多种不同的生产周期方案，比如 T_1，T_2，T_3，…，T_m，很可能具有一个相同的机器人搬运作业顺序方案 H。因此，我们通过多项式算法为每个加工时间方案 P 获取的最优生产周期 T_b 不一定就是 P 所对应的搬运作业顺序方案 H 的最优生产周期方案 T^*，或者说，对于 H，在$\{T_1, T_2, T_3, \cdots, T_m\}$之中很有可能存在一个比 T_b 还更好的生产周期方案 T^*。假如 T^*存在［假设与其对应的生产成本方案为 $f_2(P^*)$］，则不难理解，调度方案［T^*，$f_2(P^*)$］肯定是顺序方案 H 所对应的众多可行解中的一个非支配解。当然，调度方案［T_b，$f_2(P)$］与调度方案［T^*，$f_2(P^*)$］同时也都有可能是所研究问题的非支配解。此外，多个不同且可行的机器人搬运作业顺序方案 H_1，H_2，H_3，…，H_m，也有可能具有一个相同的生产周期方案 T。

综上原因，本章为所提出的多目标进化算法设计了一种局部搜索策略（Local Search Procedure）以使得所设计的量子进化算法在进化过程中不断逼近真实的 Pareto 前沿。为节约计算时间，算法每隔固定进化代数就对存储于外部档案中的每个 Pareto 最优解使用局部搜索策略。此外 Chen 等人[12]设计的基于图论的多项式算法能够快速地为每个可行的搬运作业顺序方案 H 找到最优生产周期方案 T^*。因此，本章采用他们设计的图论算法为多目标进化算法中的局部搜索算法。如图 4-6 所示，局部搜索策略的具体使用过程如下：在满足使用条件后，首先，从外部档案中随机选择一个非支配解 P（其对应一个搬运顺序方案 H），然后对 H 使用局部搜索策略。其次，根据局部搜索策略找到的生产周期方案 T^*和所建立的数学模型首先推算出工件的加工时间方案 P'，然后再计算出生产成本方案 $f_2(P')$。再次，将 H 所对应的新解 P'［T^*，$f_2(P')$］保存到集合Ω中。最后，直到外部档案中的所有解都已被选择，使用集合Ω中的非支配解更新保存在外部档案中的 Pareto 最优解。

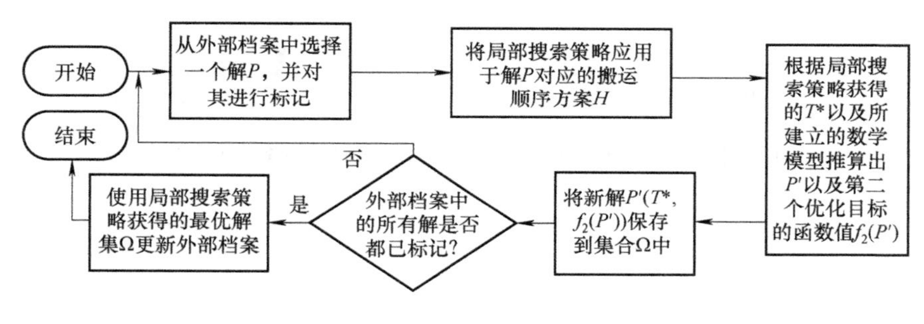

图 4-6　局部搜索策略

为便于理解上述有关内容，图 4-7 和图 4-8 分别给出了同一个机器人调度方案对应的两种不同的生产周期方案。表 4-2 给出了图中应用案例的相关数据。在图 4-7 和图 4-8 中，M_1~M_5 为工作站，M_0 和 M_6 分别为装载站和卸载站。从这两个图可以看出，对于同一个测试案例，二者给出的机器人搬运作业顺序方案完全相同，即 0–5–3–2–1–4，但却又给出了两种不同的生产周期方案，其中图 4-7 给出的生产周期方案是 T=170s，而图 4-8 给出的生产周期方案是 T=220s。据我们所知，T=170s 是测试案例的最优方案。另外，机器人在各个搬运作业之间的空驶时间为：$\delta_{1,5}$=12s，$\delta_{6,3}$=9s，$\delta_{4,2}$=5s，$\delta_{3,1}$=7s，$\delta_{2,4}$=5s，$\delta_{5,0}$=16s。实线箭头两边的数字分别表示相应搬运作业的开始和结束时间，虚线箭头两边的数字分别表示相应空驶作业的开始和结束时间。此外，由图 4-7 和图 4-8 还可以看出，相同的搬运作业顺序由于生产周期方案不同而导致工件在工作站上的实际加工时间方案也是不同的，其分别为 P={90s，124s，128s，56s，48s}（见图 4-7）和 P'={140s，174s，137s，97s，48s}（见图 4-8）。综上所述，同一个机器人搬运作业顺序方案 H 可以具有多个不同的生产周期方案（T_1，T_2，⋯）以及不同的工件实际加工时间方案（P，P'，⋯）。

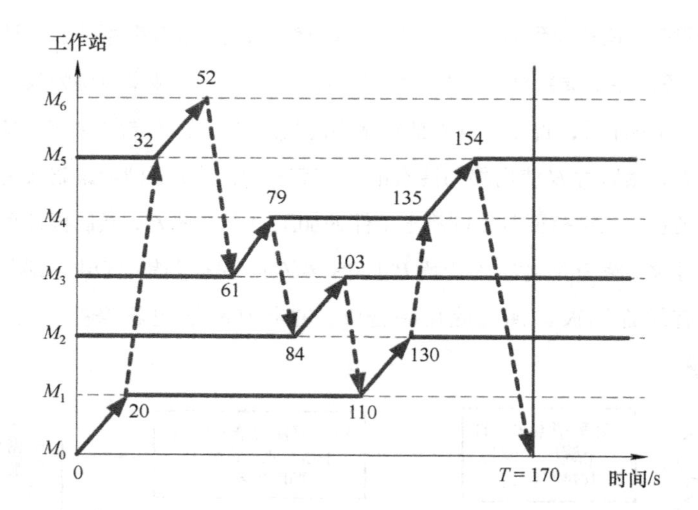

图 4-7　机器人搬运作业顺序 0–5–3–2–1–4 的调度方案一（T=170s）

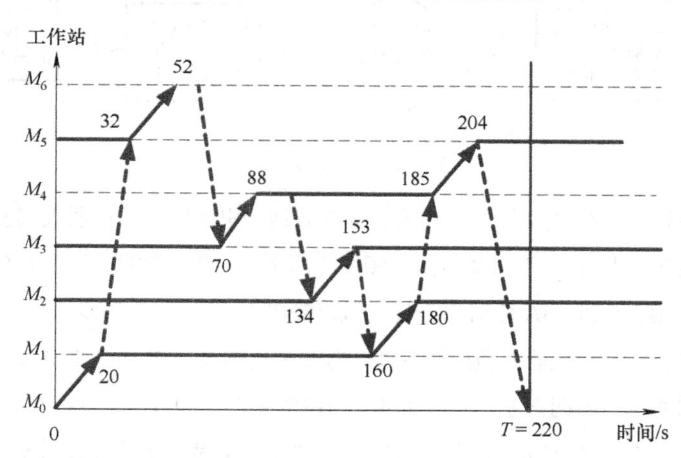

图 4-8　机器人搬运作业顺序 0–5–3–2–1–4 的调度方案二（T=220s）

表 4-2　测试案例有关数据　　（单位：s）

M_i	0	1	2	3	4	5
a_i	—	71	81	45	40	30
b_i	—	187	188	137	97	63
d_i	20	20	19	18	19	20

除上述以外，图 4-9 给出了与图 4-8 不同的机器人搬运顺序方案 0–3–4–5–2–1，但却具有相同的生产周期方案（T=220s）。机器人在各个搬运作业之间的空驶时间为：$\delta_{1,3}$=7s，

$\delta_{4,4}=\delta_{5,5}=0$，$\delta_{6,2}=12$s，$\delta_{3,1}=7$s，$\delta_{2,0}=8$s。由图 4-8 和图 4-9 可以看出，多个不同的机器人搬运作业顺序方案（H_1，H_2, ⋯）可以具有相同的生产周期方案 T。

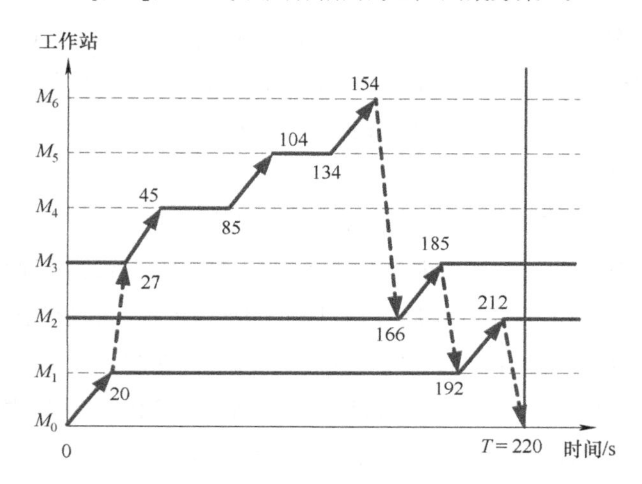

图 4-9　机器人搬运作业顺序 0–3–4–5–2–1 的调度方案三（T=220s）

4.4.7　算法实施步骤

以上述研究工作为基础，本章提出的基于量子进化算法与局部搜索策略的多目标优化算法的实施步骤可描述为如下：

算法输入：Np（量子种群的规模）；Maxgen（量子进化算法的最大进化代数）；MaxEA（外部档案 ND 的最大规模）；m_p（遗传变异概率）；χ（局部搜索策略实施周期）；$ND_0=\varnothing$（在算法初始阶段设置外部档案为空）。

算法输出：ND（输出多目标进化算法在进化过程中获得的所有非支配解）。

步骤（1）：算法初始化：首先，设置 t=0（t 为量子种群的当前进化代数）；然后，使用量子编码策略生成 Np 条量子染色体；其次，使用解码策略对每条量子染色体执行解码操作，产生两种不同的工件实际加工时间方案 P 和 P'。

步骤（2）：获取两个优化目标的函数值：首先，对于通过解码操作产生的每个加工时间方案 P，使用 Levner 等人提出的多项式算法获取相应的最优生产周期方案 T；其次，计算出相应的生产成本方案 $f_2(P)$。

步骤（3）：个体适应值评价：使用 Pareto 支配技术将整个群体分成 K 个不同层级，$F_1, F_2, F_3,\cdots, F_K$；然后，计算 F_i 中每个个体的拥挤距离值，$1\leqslant i\leqslant K$。

步骤（4）：更新与维护外部档案，$ND_0= ND_0 \cup F_1$。

步骤（5）：令 $t=t+1$。

步骤（6）：判断种群是否进化到最大迭代次数 Maxgen，如果 t >Maxgen，则算法终止运行然后输出存储于外部档案中的所有 Pareto 最优解；否则，转至下一步。

步骤（7）：首先将当前种群与外部档案合并，然后使用所设计的混沌量子旋转门更新种群中的每条染色体。

步骤（8）：使用遗传变异操作对量子种群实施变异。

步骤（9）：对更新后的量子种群实施解码操作以产生新一代的加工时间方案。

步骤（10）：获取每个加工时间方案所对应的目标函数值，并进行个体适应值评价。

步骤（11）：$ND_t= ND_{t-1} \cup F_1$，并对外部档案实施维护策略。

步骤（12）：每隔χ迭代次数，对存储于外部档案中的个体实施局部搜索策略，并使用所获得的 Pareto 最优解维护与更新外部档案；然后，转至步骤（5）。

4.5 算法验证与评价

本章使用实际典型电镀锌生产案例对上述提出的双目标数学模型和基于量子进化算法与局部搜索策略相结合的双目标优化算法进行有效性验证和评价。首先，对所采用的实际案例进行详细介绍；其次，对算法的测试结果进行了详细介绍与分析。

4.5.1 测试算例概述

镀锌在当前众多行业都有着广泛的应用，其对金属或合金的表面防腐防锈起着不可替代和难以估量的作用。随着交通运输、电子信息等行业的迅猛发展，人们对金属、合金或其他材料的表面防护、装饰性等要求也越来越高，因而各个行业的镀锌需求量也在持续不断增加。镀锌是指在物体（金属、合金或其他材料）的表面均匀地覆盖一定厚度的锌层，以起到物体表面防腐防锈、美观等作用的表面处理技术。图 4-10 给出了一种典型的电镀锌实际工艺案例[1][114]。

由图 4-10 可以看出，该电镀锌工艺由 20 项生产工序组成，其中每项工序对应一个含有不同化学溶剂或水的工作站。工件（通常为半成品金属或合金材料，以下假定其表面面积为 $5m^2$）由装载站 M_0 进入生产系统，依次在工作站 $M_1 \sim M_{20}$ 上进行加工处理，最

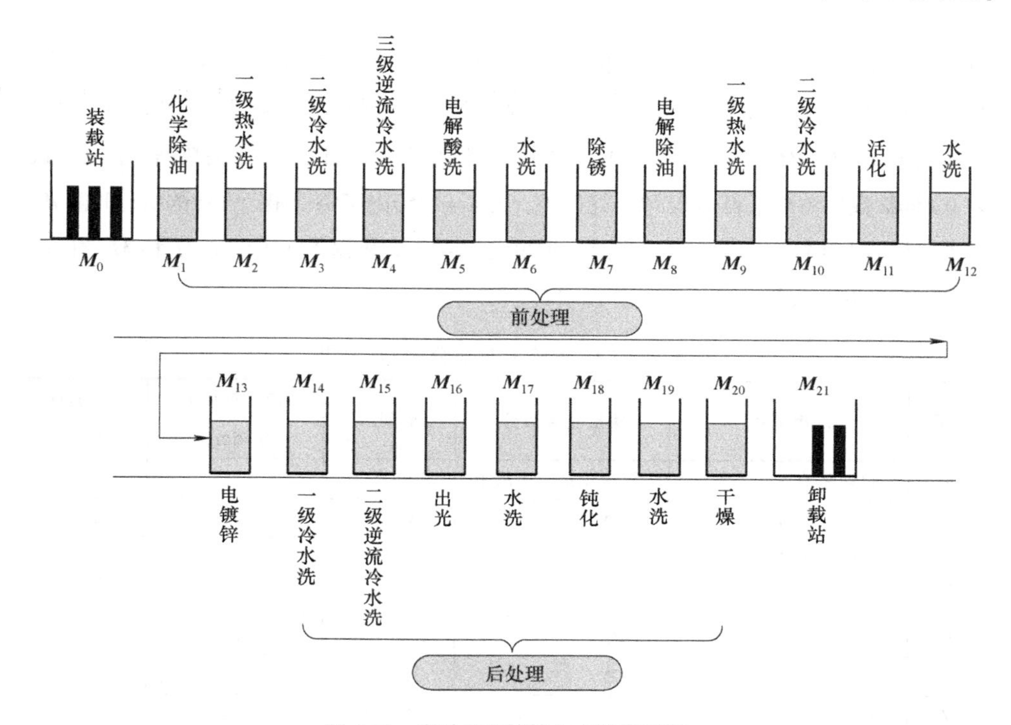

图 4-10　自动化电镀锌生产流程示例

后完成后从卸载站 M_{21} 离开生产系统。其中，工作站 $M_1 \sim M_{12}$ 通常称为前处理阶段，其目的是通过一系列不同工序尽可能地去除工件表面的油污、粉尘、金属粉末等杂质，以确保物体表面清洁无杂质。这是为下一阶段在工件表面沉淀出均匀无缝隙、具有良好粘附性锌层的一个先决条件。因此，上述工序的工件处理质量非常重要。随后，工件被机器人搬运至镀锌工作站 M_{13} 上进行表面镀锌处理。接下来，工件要经历出光、钝化等一系列后处理工序，其目的是在工件镀层表面形成一种特殊的保护膜，以提高镀层的耐腐蚀性。此外，各工序间的水洗操作是指用清洁水把残留在工件表面的化学溶液清洗干净，其目的是避免工件将上一工序的残留溶液带入到下一工序的工作站上，避免不同溶液的交叉污染。表 4-3 给出了上述镀锌案例的相关工艺参数[1][114]。

同时，表 4-4 给出了每个工作站的处理成本系数 r_i，其中，各个水洗工作站（即 M_2，M_3，M_4，M_6，M_9，M_{10}，M_{12}，M_{14}，M_{15}，M_{17}，M_{19}）的处理成本系数计算公式为：$r_i=q_i\times0.006$ 元/L，其中 q_i 表示每秒钟水的流速，0.006 元/L 表示每升水的价格为 0.006 元，即每吨水 6 元。另外，各个电解（即 M_5，M_8，M_{11}，M_{13}）工作站的成本系数为：$r_i=(100\times I_i\times V_i\times S_A)\times4.17\times10^{-7}$ 元/瓦，其中 I_i 表示工件每平方分米（dm^2）面积上的电流密度；V_i 表示

电压（V）；S_A 表示工件的表面面积（双面之和，m^2）；4.17×10^{-7} 元/W 表示电价，即 1.5 元/（kW · h）。上述电价和水价数据均取自企业所在地的物价部门。此外，由于其他工作站（即 M_1，M_7，M_{16}，M_{18}，M_{20}）的成本系数无法或难以统计相关数据，将其设置为 0。详细数据信息见表 4-4。除上述以外，表 4-4 也给出了每项搬运作业的执行时间 d_i。另外，机器人执行搬运作业 0 所花费的时间为 d_0=15s，机器人在工作站 M_i 和 M_j 之间的空驶时间计算公式为：$\delta_{i,j}=\delta_{j,i}=|i-j|\times2s$。

表 4-3　电镀锌工艺部分参数[1][114]

序号	工序名称	镀液主要成分	时间/s	电流密度 I (A/dm²)	水流速度 q / (L/s)
1	化学除油	氢氧化钠，磷酸钠	300~450	—	—
2	一级热水洗	热水	30~90	—	0.3
3, 4	二级冷水洗、三级逆流冷水洗	冷水	60~120, 30~90	—	0.4, 0.3
5	电解酸洗	盐酸	600~900	2~10(9~12V)	—
6	水洗	冷水	30~120	—	0.4
7	除锈	三氧化铬，磷酸	60~300	—	—
8	电解除油	氢氧化钠，磷酸钠，碳酸钠	30~120	3~10(9~12V)	—
9	一级热水洗	热水	30~90	—	0.3
10	二级冷水洗	冷水	60~120	—	0.5
11	活化	硫酸，磷酸	30~60	3~5(1~18V)	—
12	水洗	冷水	20~80	—	0.4
13	电镀锌	氧化锌，氢氧化钠等	660~1350	1~12(6~16V)	—
14, 15	一级冷水洗、二级逆流冷水洗	冷水	30~60, 30~90	—	0.5, 0.4
16	出光	硝酸	10~30	—	—
17	水洗	冷水	30~90	—	0.2
18	钝化	三氧化铬，硝酸钠，硫酸镍	120~480	—	—
19	水洗	冷水	20~30	—	0.4
20	干燥	—	15~35	—	—

注：“—”表示无或不存在相关参数。

表 4-4　实际工业案例相关数据

工序 i	1	2	3	4	5	6	7	8	9	10
d_i/s	22	15	15	20	21	20	19	20	15	20
r_i/元	0	0.0018	0.0024	0.0018	0.012	0.0024	0	0.0165	0.0018	0.003
工序 i	11	12	13	14	15	16	17	18	19	20
d_i/s	19	15	25	20	21	15	20	22	15	15
r_i/元	0.0075	0.0024	0.21	0.003	0.0024	0	0.0012	0	0.0024	0

4.5.2　算法测试结果

首先，使用 C++语言编码实现了第 4.4 节提出的基于量子进化算法与局部搜索策略相结合的双目标优化算法。其次，利用上述实际案例对所提出的双目标优化算法进行了有效性验证。最后，对测试结果进行了分析与评价。算法的主要参数设置如下：最大进化代数 Maxgen=1000；外部档案最大规模限制 MaxEA=20；局部搜索策略实施周期χ=100。另外，由于进化算法的优化性能通常受种群规模 Np 和遗传变异概率 m_p 的影响较大，本章为此设置了多种不同的取值，它们分别是 Np={50,100,150,200,250}和 m_p={0.2,0.5,0.7,0.9}，以便对所提出的算法进行比较全面、客观的测试与评价。

表 4-5 给出了不同参数设置情况下的算法测试结果。对于每个给定的 Np 值，算法使用四种不同的变异概率 m_p 求解测试案例。从表 4-5 可以看出，总体上来说，将种群规模 Np 设置为 100（将变异概率 m_p 设置为 0.5）和 250（将变异概率 m_p 设置为 0.2）时，算法能够获得相对其他设置方式较高质量的 Pareto 最优解集。此外，从表 4-5 还可以看出，随着种群规模的不断增大，所提出的双目标进化算法能够找到更多的 Pareto 最优解。为便于叙述，在此以（生产周期，生产成本）的形式表示算法获得的 Pareto 最优解，而不再使用之前的实际加工时间 P 进行表示。例如，当将量子种群规模 Np 由 50 增加至 100（m_p=0.5）时，所提出的双目标进化算法获得了一些与之前不同的 Pareto 最优解，比如解（783,152.7117），解（801,148.6116）和解（843,147.6519）；此外，当种群规模进一步增加至 150 并将遗传变异概率 m_p 设置为 0.9 时，算法获得了一个新的 Pareto 最优解（823,147.9924）；当种群规模 Np 增加至 200 和 250 时，算法获得了一个比现有非支配解（801,148.6116）更好的解（801,148.2918）。不难看出，先前获得的解（801,148.6116）受新解（801,148.2918）支配。从中可以看出，两个解具有相同的生产周期方案（即 T=801），但却具有不同的生产成本。上述测试结果也验证了前面提到的多个不同的加工时间方案 P

或机器人搬运作业方案 H 可能具有相同的生产周期方案 T。

表 4-5 实际工业案例测试结果

Np	遗传变异概率	Pareto 最优解（生产周期，生产成本）	求解时间/s
50	m_p=0.2	(787, 154.1709), (883, 152.0364), (964, 148.1961), (1389, 148.0755), (1402, 147.4062), (1449, 147.372)	8.14
	m_p=0.5	(863, 147.765), (1402, 147.4062), (1449, 147.372)	8.26
	m_p=0.7	(782, 153.6855), (964, 148.1961), (1389, 148.0755), (1402, 147.4062), (1449, 147.372)	8.29
	m_p=0.9	(843, 148. 9065), (1389, 148.0755), (1402, 147.4062), (1449, 147.372)	8.32
100	m_p=0.2	(782, 153.6855), (964, 148.1961), (1005, 149.469), (1415, 148.224), (1449, 147.372)	16.91
	m_p=0.5	(782, 153.6855), (783, 152.7117), (801, 148. 6116), (843, 147.6519), (1372,147.4212), (1402, 147.4062), (1449, 147.372)	16.22
	m_p=0.7	(787, 154.1709), (843, 148.9065), (863, 147.7649), (1402, 147.4062), (1449, 147.372)	16.30
	m_p=0.9	(787, 154.1709), (964, 148.1961), (1402, 147.4062), (1449, 147.372)	15.87
150	m_p=0.2	(782, 153.6855), (801, 148.6116), (891, 148.1592), (1402, 147.4062), (1449, 147.372)	23.53
	m_p=0.5	(782, 153.6855), (843, 147.6519), (1402, 147.4062), (1449, 147.372)	23.34
	m_p=0.7	(863, 147.7649), (1402, 147.4062), (1449, 147.372)	23.23
	m_p=0.9	(782, 153.6855), (823, 147.9924), (1402, 147.4062), (1449, 147.372)	23.49
200	m_p=0.2	(782, 153.6855), (801, 148.2918), (843, 147.6519), (1402, 147.4062), (1449, 147.372)	30.9
	m_p=0.5	(787, 154.1709), (801, 148.2918), (843, 147.6519), (1402, 147.4062), (1449, 147.372)	31.04
	m_p=0.7	(782, 153.6855), (843, 147.6519), (1402, 147.4062), (1449, 147.372)	31.02
	m_p=0.9	(813, 171.45), (816, 149.224), (843, 148.9065), (863, 147.7649), (1372, 147.4212), (1402, 147.4062), (1449, 147.372)	30.97

（续）

Np	遗传变异概率	Pareto 最优解（生产周期，生产成本）	求解时间/s
250	m_p=0.2	(782, 153.6855), (801, 148.2918), (843, 147.6519), (1372, 147.4212), (1402, 147.4062), (1449, 147.372)	38.44
	m_p=0.5	(843, 147.6519), (1372, 147.4212), (1402, 147.4062), (1449, 147.372)	38.52
	m_p=0.7	(787, 154.1709), (843, 147.6519), (1372, 147.4212), (1402, 147.4062), (1449, 147.372)	38.68
	m_p=0.9	(782, 153.6855), (816, 148.8456), (1372, 147.4212), (1402, 147.4062), (1449, 147.372)	38.49

除上述以外，我们还可以从表 4-5 看出，尽管算法每次运行时的参数设置不尽相同，但总体上来说，每次的求解时间会随着种群规模 *Np* 的变大而有所增加，但不会超过 60s。图 4-11 ~ 图 4-15 给出了不同参数设置情况下的 Pareto 最优解分布曲线。可以看出，在给定种群规模 *Np* 的情况下，算法的优化性能受不同变异概率 m_p 值的影响比较小。另外，从这些图中还可以看出，随着种群规模 *Np* 的不断扩大，算法所获得的最优解的分布曲线也变得比较相似，这说明本章所提出的基于量子进化算法与局部搜索策略相结合的双目标优化算法具有较为稳定的优化性能。

最后，为了评价所设计的局部搜索策略的实际性能，本章将局部搜索策略从所提出的双目标优化算法中去除，然后又重复了完全相同的案例测试工作。由于不具有局部搜索策略的双目标优化算法的测试结果总体相对比较差，在此就不再将所有测试结果以表格形式给出。但是，图 4-16 给出了种群规模 *Np* 为 100 和遗传变异概率为 0.5 时的两种

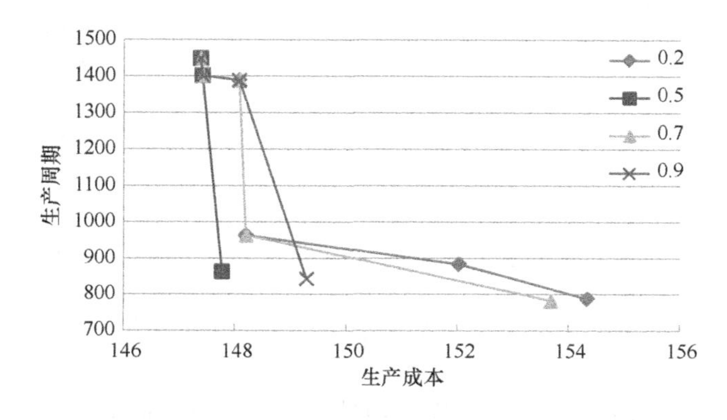

图 4-11　种群规模 *Np* 为 50 情况下的 Pareto 前沿比较

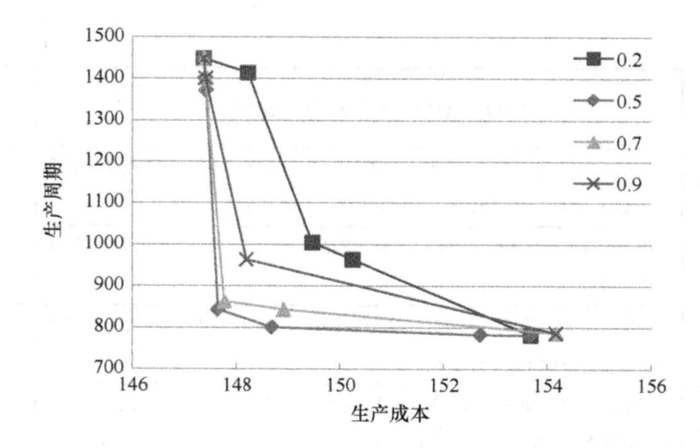

图 4-12　种群规模 Np 为 100 情况下的 Pareto 前沿比较

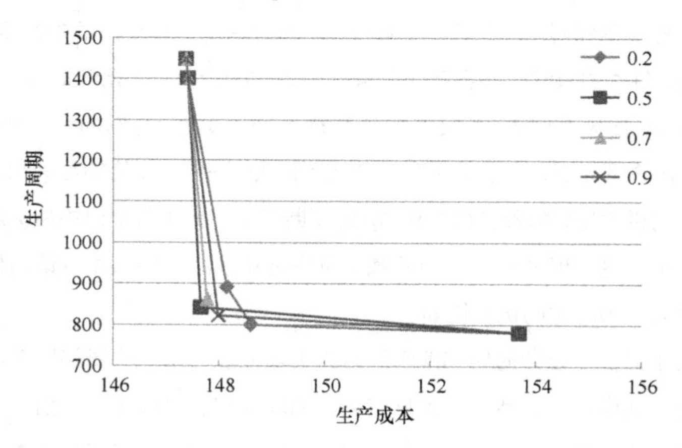

图 4-13　种群规模 Np 为 150 情况下的 Pareto 前沿比较

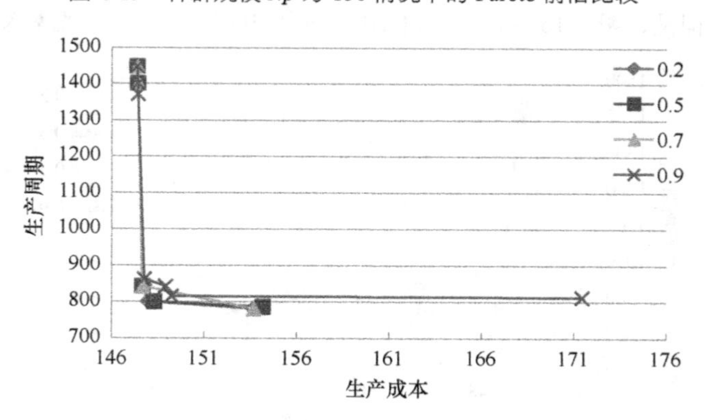

图 4-14　种群规模 Np 为 200 情况下的 Pareto 前沿比较

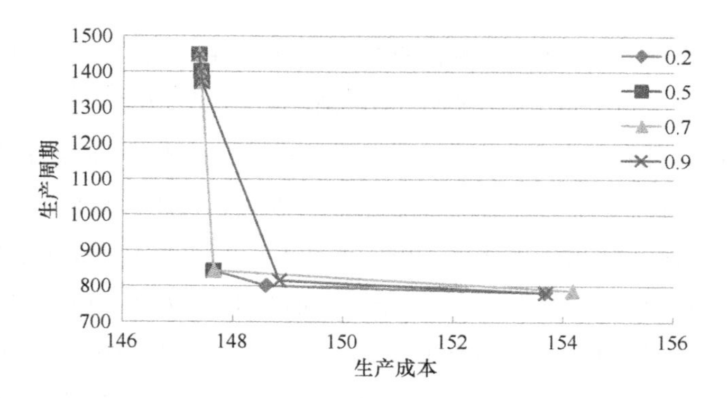

图 4-15　种群规模 *Np* 为 250 情况下的 Pareto 前沿比较

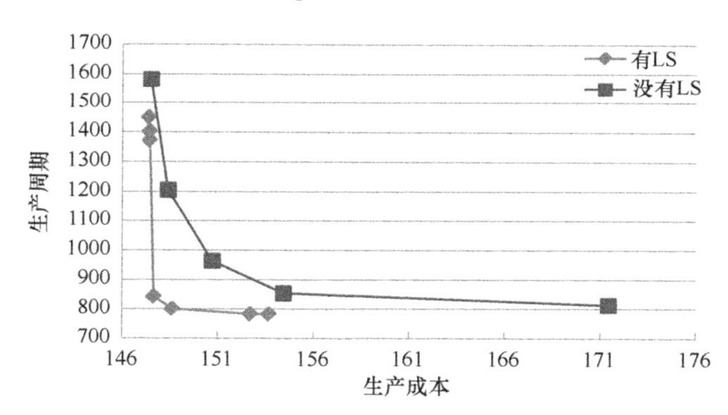

图 4-16　局部搜索策略（LS）结果对比

优化算法的对比测试结果。从图中可以看出，具有局部搜索策略的双目标优化算法要比没有局部搜索策略的双目标优化算法在求解所研究的双目标调度问题时更为有效。总之，上述案例测试结果表明本章所提出的基于量子进化算法与局部搜索策略相结合的双目标优化算法能够有效求解本章节所研究的柔性自动化制造单元双目标调度问题。

4.6　本章小结

本章研究了同时最小化生产周期与生产成本的柔性自动化制造单元双目标调度问题。首先，采用禁止区间建模方法为上述研究问题建立了双目标数学模型；其次，设计了基于量子进化算法与局部搜索策略相结合的多目标优化算法用以对所建立的数学模型进行求解，以便获得尽可能多的 Pareto 最优解。该算法采用量子比特编码染色体的方式，并使用线性方程将量子染色体直接解码为工件在各个工作站上的实际加工时间；以此为基础，使用多项式算法获取了相应的两个目标函数值。其次，使用 Pareto 排序技术对所有个体进行评价并分配适应值。然后，将进化过程中产生的所有 Pareto 最优解保存在外部档案中并同时对外部档案执行维护与更新策略。同时，设计了混沌量子旋转门和遗传变异操作对量子种群进行更新与进化。此外，也设计了有效的局部搜索策略对所有 Pareto 最优解进行邻域搜索，以便尽可能获得更高质量的调度解。最后，使用实际案例对所提出的双目标调度模型与优化算法进行了有效性验证。实验结果表明，本章所提出的多目标量子进化算法能够在合理时间内为所研究的多目标优化问题获取多种 Pareto 最优解。

第 5 章

可重入柔性自动化制造单元调度

5.1 引言

在传统的制造单元中，工件按照工艺路线中确定的顺序，如图 5-1a 所示，串行访问各工序的工作站后离开制造单元。但随着半导体和 PCB 等产品加工工序的不断增多，自动化制造单元的构成也日益复杂化，即在制造单元中出现了并行工作站和可重入工作站[16][44]。并行工作站是指在加工时间特别长的瓶颈工序上设置的多个同时加工工件的工作站，以有效平衡各工序之间的载荷；可重入工作站是指可被工件多次访问的工作站。如图 5-1b 所示，由于并行工作站和可重入工作站的出现，使得制造系统中工件流向出现多重入和串并行的特点。包含并行工作站和可重入工作站的制造单元也被称为复杂制造单元[59]。

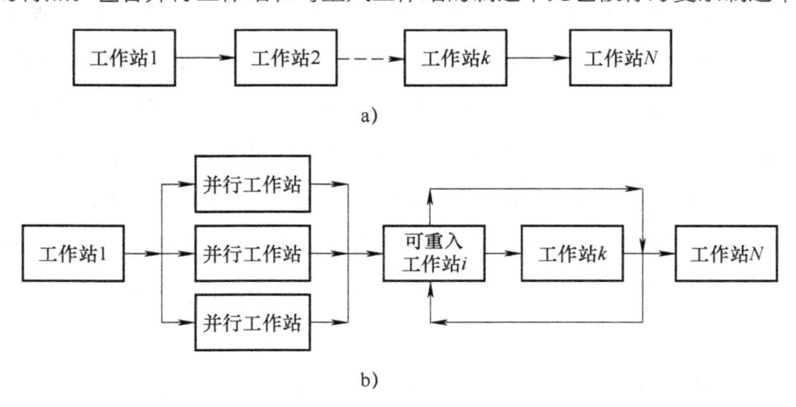

图 5-1　简单/复杂自动化制造单元工件流向示意图[59]

a) 传统制造单元中的工件流向　b) 复杂制造单元中的工件流向

近年来，具有可重入/并行机的复杂自动化制造单元调度问题已成为生产调度领域的热点研究问题之一，代表性的研究成果有：Phillips 和 Unger[10]为具有可重入工作站的自动化制造单元调度问题提出了 MIP 方法。此后，Lei 和 Wang、Ng 以及 Shapiro 和 Nuttle

等一些学者为具有并行工作站的自动化制造单元调度问题提出了不同的分支定界算法[14~16]。Li 和 Fung[37]为只存在并行工作站的自动化制造单元多度调度问题提出了 MIP 方法。Liu 等人为同时存在并行工作站和可重入工作站的自动化制造单元调度问题提出了 MIP 模型并使用优化软件 CPLEX 进行求解。Yan 等人则为可重入自动化制造单元双目标调度问题提出了基于差分进化的调度算法。Levner 和 Kats[117]针对可重入工作站无等待自动化制造单元调度问题提出了一个多项式调度算法。Feng 等人[121]针对只存在可重入工作站的自动化制造单元 Jobshop 调度问题建立了 MIP 模型。此外，Feng 等人[122]还为可重入自动化制造单元动态调度问题提出了 MIP 方法。

本章针对可重入/并行机柔性自动化制造单元调度问题，以最小化生产周期为优化目标，结合研究问题的特性提出特定且高效的分支定界算法。

5.2 研究问题描述与假设

5.2.1 问题描述

本章研究的自动化制造单元由 1 个物料搬运机器人、N 个加工阶段（记为 S_1，S_2，…，S_N），其中一些加工阶段使用并行工作站或可重入工作站，以及装载站 S_0 和卸载站 S_{N+1} 组成[6]。装载站 S_0 用于存放所有的待处理工件。每个工件首先从装载站 S_0 进入制造单元，然后依次完成 S_1 至 S_N 阶段的加工工序（柔性加工时间），最后通过卸载站 S_{N+1} 离开制造单元。需要指出的是，由于某些加工阶段使用多个并行工作站，考虑到工作站间的位置关系，所以机器人在不同的生产周期会有不同的搬运作业时间以及空驶时间；此外，考虑到实际情况，本章假定在同一加工阶段不会同时存在可重入工作站和并行工作站。因此，对于任意两个加工阶段 S_i 和 S_j 来说，若二者使用某个相同的可重入工作站，那么必须满足条件 $i \geqslant j+2$。

在批量生产模式下，自动化制造单元通常以循环方式运作，系统每隔一固定时间，周期性地重复相同的状态。制造单元重复一次相同状态的时间长度被称为周期长度。机器人每隔一个周期长度重复一组相同的搬运作业，每个周期中有且仅有 1 个工件进入，并且有 1 个工件离开制造单元。因此周期长度即为生产节拍，它直接决定着制造单元的效率和产量。本章所研究的调度问题的目标，就是要找到一组机器人重复执行的搬运作业顺序，以最小化周期长度[6]。

5.2.2 参数与变量

为便于建立问题的数学模型，定义以下符号和变量[6]：

N：自动化制造单元的加工阶段数量，不包括装载站和卸载站。

K：自动化制造单元中的工作站数量。

G_i：加工阶段 S_i 可用的工作站数量，i=0，1，2，…，N+1。根据定义，若$|G_i|=1$，则 S_i 只有1个工作站可用；否则，S_i 有$|G_i|$个可用工作站。不失一般性，我们假定$|G_0|=|G_{N+1}|=1$，即装载站和卸载站不存在并行工作站。

a_i：工件在 S_i 阶段上的加工时间下限，$0\leqslant i\leqslant N$。

b_i：工件在 S_i 阶段上的加工时间上限，$0\leqslant i\leqslant N$。

d_i：物料搬运机器人将工件从 S_i 搬至 S_{i+1} 所需要的时间，$0\leqslant i\leqslant N$。

$\delta_{i,j}$：物料搬运机器人从 S_i 空驶到 S_j 所需要的时间，$0\leqslant i, j\leqslant N+1$。不难理解，机器人在 S_i 和 S_j 之间的空驶时间要小于或等于机器人从 S_i 空驶到 S_k，再从 S_k 空驶到 S_j 的时间之和。因此，机器人的空驶时间须满足不等式$\delta_{i,j}\leqslant\delta_{i,k}+\delta_{k,j}$，$k\notin\{i,j\}, 0\leqslant i,j,k\leqslant N+1$。

问题的决策变量如下[6]：

T：生产周期，$T\geqslant 0$。

s_i：生产周期内搬运作业 i 的开始时间，$s_i\geqslant 0$，$0\leqslant i\leqslant N$。

w_i：机器人执行搬运作业 i 时等待时间，$w_i\geqslant 0$，$0\leqslant i\leqslant N$。

m_i：在加工阶段 S_i 上实际使用的工作站数量，$1\leqslant m_i\leqslant|G_i|$，$1\leqslant i\leqslant N$。

为便于建立问题的数学模型，定义以下中间变量：

t_i：工件在 S_i 上的实际加工时间，$0\leqslant i\leqslant N$。

c_i：0-1 变量。如果 $c_i=0$ 且 $s_i>s_{i-1}$，则表示在周期开始时刻 S_i 加工阶段的工作站处于空闲状态；反之（即 $c_i=1$ 且 $s_i<s_{i-1}$），则表示在周期开始时刻 S_i 加工阶段的工作站处于占用状态，$0\leqslant i\leqslant N$。

图5-2描述了具有3个不同加工阶段的自动化制造单元的周期性调度方案[6]。在图5-2中，M_0 和 M_4 分别为装载站和卸载站，M_1~M_3 为工作站，分别对应三个不同的加工阶段 S_1~S_3；横轴为时间轴，纵轴为工作站。此外，倾斜的实线箭头代表机器人的搬运作业，虚线箭头代表机器人在加工机器之间的空驶作业。实线箭头（或虚线箭头）的起点和终点分别表示机器人搬运作业（或空驶作业）的开始时间和完成时间。另外，水平的粗实线表示工件在相应工作站上的实际加工时间。从图5-2可以看出，$c_1=c_3=0$，$c_2=1$。换言

之，在周期开始时刻（即 0 时刻），制造单元中只有工作站 M_2 上有工件在处理，而其他工作站均处于空闲状态。如图 5-2 所示，我们不失一般性地假定 s_0=0，即在每个生产周期开始时，机器人首先将工件从装载站 S_0 搬运至 S_1（记为第一个搬运作业 0）。因此，有 c_0=1。

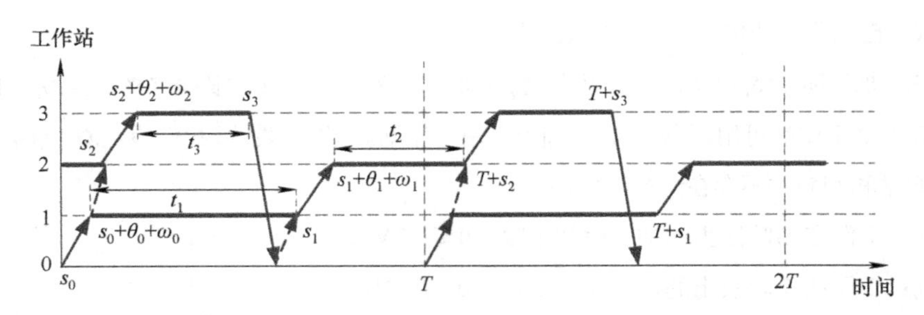

图 5-2 自动化制造单元机器人调度方案示意图[6]

工件 机器人搬运作业 机器人空驶作业

图 5-3 描述了某加工阶段 S_i 使用 3 个并行工作站（即 m_i =3）的自动化制造单元调度方案示意图[6]。具体来说，在第一个生产周期（即 0 到 T 时间内），新工件被机器人搬运至最上面的工作站上进行加工处理，而其他两个工作站在周期开始时间处于占用状态（即在加工处理在本周期之前进入制造单元的工件）。从图 5-3 还可以看出，处于中间位置的工作站在第二个生产周期（即 T 到 $2T$ 时间内）开始时间处于空闲状态，但不久后机器人会将新工件搬运至该工作站上进行加工处理；此后，处于最下面位置的工作站会在第二个生产周期内完成其工件加工任务，直至第三个生产周期（即 $2T$ 到 $3T$），机器人将新工件搬运至该工作站上进行加工处理；在第三个生产周期的后期，最上面的工作站将会完成其加工任务。最后，从图 5-3 还可以看出，在第四个生产周期（即 $3T$ 到 $4T$ 时间内），

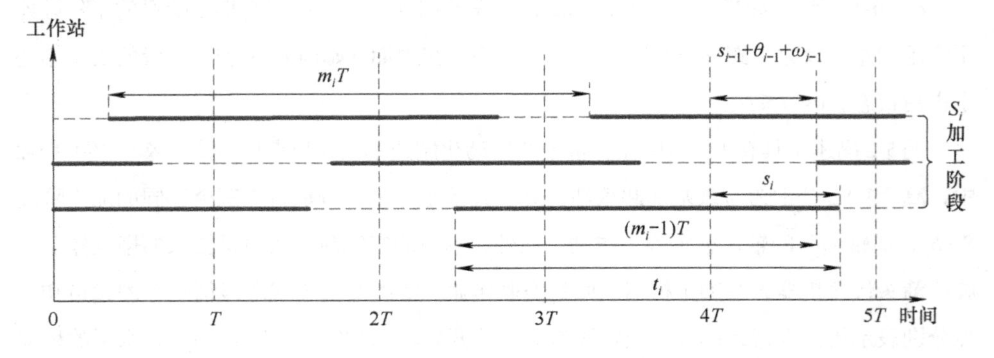

图 5-3 并行工作站自动化制造单元机器人调度方案示意图

该加工阶段所有工作站的状态与第一个生产周期的状态完全相同；此外，还可知工件在每个并行工作站上的加工任务持续了 3 个生产周期。

5.3 数学建模

不难理解，若已知机器人搬运作业顺序且每个加工阶段实际使用的工作站数量，则通过求解线性规划模型（LPP）便可获得本章所研究调度问题的决策变量 T，s_i 以及 $w_i(0\leqslant i\leqslant N)$的最优值。

如前所述，一个调度方案只有在同时满足柔性加工时间、机器人搬运能力以及工作站加工能力三类约束条件时才是可行的。以下分别对这三类约束条件进行建模[6]。

5.3.1 柔性加工时间约束建模

柔性加工时间约束要求工件在每个处理阶段的实际加工时间必须在给定的上下界内。如前所述，周期开始时刻，工作站要么处于空闲状态，要么有处理的工件。因此，从以下三个方面考虑加工阶段 S_i 的柔性加工时间约束建模。

1）若 $c_i=0$，则有 $s_i>s_{i-1}$，这表明在一个生产周期内工件在 S_i 加工阶段上的卸载作业晚于工件的装载作业。如前所述，若 S_i 有 m_i 个并行工作站，则其中任意 1 个工作站上的工件加工作业将持续 m_i 个生产周期。因此，不难理解，在第 L 个生产周期进入 S_i 的工件将会在第 $L+m_i-1$ 个生产周期离开 S_i。例如，从图 5-3 可以看出，某个加工阶段 S_i 有 3 个并行工作站（即 $m_i=3$），工件在第 1 个生产周期的 $s_{i-1}+d_{i-1}+w_{i-1}$时刻进入第 3 个工作站，在完成加工任务后在第 3 个生产周期内离开。如前所述，工件进入工作站 i 的时刻也就是搬运作业 $i-1$ 的结束时间。综上，此种情况下工件在 S_i 上的实际加工时间为：$t_i=(m_i-1)T+s_i-s_{i-1}-d_{i-1}-w_{i-1}$，$1\leqslant i\leqslant N$。

2）若 $c_i=1$，则有 $s_i<s_{i-1}$，这表明在一个生产周期内工件在 S_i 加工阶段上的卸载作业早于工件的装载作业。同理，由于任意一个工作站上的工件加工作业都会持续 m_i 个生产周期，那么不难理解，在第 L 个生产周期进入 S_i 的工件将会在第 $L+m_i$ 个生产周期离开 S_i。因而，此种情况下工件在 S_i 上的实际加工时间为：$t_i=m_iT+s_i-s_{i-1}-d_{i-1}-w_{i-1}$，$1\leqslant i\leqslant N$。

3）若装载站 S_0 和卸载站 S_{N+1} 在同一位置（即 $G_{N+1}=G_0$），那么在 S_0/S_{N+1} 上的卸载作业和装载作业之间必须要留有足够的时间。由于最后一道搬运作业（即装载作业，其

将工件从 S_N 搬运至 S_{N+1}）的完成时间是 $s_N+d_N+w_N$，之后，机器人会在时刻 T，将另一个工件从 S_0 搬运至 S_1（即卸载作业），因此，有 $t_0=T-s_N-d_N-w_N$。

综上，柔性加工时间约束建模可表示为

$$a_i \leqslant t_i \leqslant b_i, 1 \leqslant i \leqslant N \quad (5\text{-}1)$$

$$t_i=(m_i-1)T+s_i+c_i T-s_{i-1}-d_{i-1}-w_{i-1}, 1 \leqslant m_i \leqslant |G_i|, 1 \leqslant i \leqslant N \quad (5\text{-}2)$$

$$a_0 \leqslant T-s_N-d_N-w_N \leqslant b_0,\ 若\ G_{N+1}=G_0 \quad (5\text{-}3)$$

5.3.2 机器人搬运能力约束建模

机器人搬运能力约束确保机器人有充足的时间执行任意两个连续的搬运作业任务，其建模需考虑以下情况：

1）对于两个搬运作业 i 和 j，如果搬运作业 j 晚于搬运作业 i（即 $s_i \leqslant s_j$），那么机器人空驶至 S_j 的时间要在搬运作业 i 完成之后（即 $s_i+d_i+w_i$），同时也要留有足够的时间（即$\delta_{i+1,j}$）从 S_{i-1} 空驶至 S_j。

2）由于每个生产周期的第一个搬运作业是将工件从 S_0 搬运至 S_1，因而其他搬运作业的开始时间都要在第一个搬运作业的完成时间之后。

3）每个生产周期内，机器人在完成最后一个搬运作业（即将工件从 S_N 搬运至 S_{N+1}）后，需要空驶至 S_0 以执行下一个生产周期的第一个搬运作业。

综上，机器人搬运能力约束建模可表示为

$$s_i+d_i+w_i+\delta_{i+1,j} \leqslant s_j,\ 若\ s_i \leqslant s_j, i \neq j, 1 \leqslant i, j \leqslant N \quad (5\text{-}4)$$

$$s_i \geqslant s_0+d_0+w_0+\delta_{1,0}, 1 \leqslant i \leqslant N \quad (5\text{-}5)$$

$$s_i+d_i+w_i+\delta_{i+1,0} \leqslant T, 0 \leqslant i \leqslant N \quad (5\text{-}6)$$

5.3.3 工作站加工能力约束建模

由于每个工作站在同一时刻最多只能同时加工一个工件，所以两个不同的处理阶段 S_i 和 S_j 在使用可重入工作站时必须要留有足够的间隔时间。如果搬运作业 j 晚于搬运作业 i，即工件的处理工序 S_i 早于 S_j，则有以下约束：

$$s_i+d_i+w_i+\delta_{i+1,j-1}+d_{j-1}+w_{j-1}+t_j \leqslant s_j,\ 若\ G_i=G_j\ 且\ s_i \leqslant s_j, i \neq j, 1 \leqslant i, j \leqslant N \quad (5\text{-}7)$$

需要指出的是，式（5-7）只能确保同一个生产周期内两个不同处理阶段 S_i 和 S_j 在使用同一个可重入工作站时不会发生冲突。为确保本生产周期的 S_j 和下一个生产周期的 S_i 在使用同一个可重入工作站时不会发生冲突，需要有以下约束：

$$s_j+d_j+w_j+\delta_{j+1,\,i-1}+d_{i-1}+w_{i-1}+t_i \leqslant T+s_i，若 G_i=G_j 且 s_i \leqslant s_j, i \neq j, 1 \leqslant i, j \leqslant N \quad (5\text{-}8)$$

综上，本章所研究的以最小化生产周期 T 为优化目标的可重入柔性自动化制造单元调度模型为如下：

Problem P:　Minimize T

s.t.

柔性加工时间约束：式（5-1）～式（5-3）

机器人搬运能力约束：式（5-4）～式（5-6）

工作站加工能力约束：式（5-7）和式（5-8）

5.4 研究问题的性质分析

在上述工作的基础上，本节利用部分约束关系式推导出最优生产周期 T 的下界、并行工作站实际使用数量的上下界以及周期开始时刻自动化制造单元在制品数量的上界等最优解特性，其将在后面开发的分支定界算法求解问题最优解的过程中，用于剔除问题解中的不可行解，以降低问题可行解的搜索空间，从而快速而有效地搜索到问题的最优解（假定最优解存在），从而提高算法的整体运行效率[6]。

5.4.1 最优生产周期 T 的下界

首先，由于物料搬运机器人负责所有的工件搬运作业任务，所以最优生产周期 T 有下界 LB_1：

$$\mathrm{LB}_1=\sum_{i=0}^{N}(d_i+\beta_i) \quad (5\text{-}9)$$

式中，β_i 表示机器人在完成搬运作业 i 后再去执行下一个搬运作业过程中间所需要的最小间隔时间，$\beta_i=\min\{\min_{\substack{j\neq i+1\\0\leqslant j\leqslant N}}\delta_{i+1,j}, a_{i+1}\}$。

其次，如前所述，如果加工阶段 S_i 使用 m_i 个并行工作站，那么工件在任意一个并行工作站上的加工时间将会持续 m_i 个生产周期。由于工作站在任何时刻最多只能加工一个工件，所以必须要有足够的生产周期 T 来确保两个相邻工件在使用同一个工作站时不会发生冲突。具体来说，对于 S_i，如果 $c_i=0$，即 $s_i>s_{i-1}$，那么工件在 S_i 上的实际加工时间为：$t_i=(m_i-1)T+s_i-s_{i-1}-d_{i-1}-w_{i-1}, 1\leqslant i\leqslant N$，于是有

$$m_i T=t_i+(T-s_i)+s_{i-1}+d_{i-1}+w_{i-1}, 1\leqslant i\leqslant N \quad (5\text{-}10)$$

由式（5-5）和式（5-6）可得式（5-11）:

$$m_i T \geqslant t_i+(d_i+w_i+\delta_{i+1,0})+(s_0+d_0+w_0+\delta_{1,i-1})+d_{i-1}+w_{i-1} \geqslant t_i+d_i+w_i+(\delta_{i+1,0}+\delta_{0,1}+\delta_{1,i-1})+d_{i-1}+w_{i-1} \tag{5-11}$$

由于$\delta_{i,j}$满足三角不等式关系，可得式（5-12）

$$m_i T \geqslant t_i+d_i+w_i+\delta_{i+1,i-1}+d_{i-1}+w_{i-1},\ 1 \leqslant i \leqslant N \tag{5-12}$$

同理，如果 $c_i=1$，即 $s_i<s_{i-1}$，通过推导，同样得到式（5-12）。由于 $w_i \geqslant 0,\ 0 \leqslant i \leqslant N$，由式（5-12）不难得出

$$m_i T \geqslant t_i+d_i+\delta_{i+1,i-1}+d_{i-1},\ 1 \leqslant i \leqslant N \tag{5-13}$$

综上，由式（5-1）和式（5-13），可得出最优生产周期 T 有下界 LB_2:

$$\mathrm{LB}_2=\max_{1 \leqslant i \leqslant N} \frac{a_i+d_i+\delta_{i+1,i-1}+d_{i-1}}{|G_i|} \tag{5-14}$$

最后，若存在多个不同加工阶段（记为τ_1，τ_2，…，τ_h）使用同一个可重入工作站，由于工作站加工能力约束和机器人搬运能力约束，则多个不同加工阶段τ_1，τ_2，…，τ_h 在使用同一个可重入工作站的时间上不能相互重叠，且当机器人在执行搬运作业τ_1-1，τ_2-1，…，τ_h-1 以及搬运作业τ_1，τ_2，…，τ_h时，该工作站要处于空闲状态。综上，可得出最优生产周期 T 有下界 LB_3:

$$\mathrm{LB}_3=\sum_{i=1}^{h}\left(d_{\tau_i-1}+a_{\tau_i}+d_{\tau_i+1}+\min_{1 \leqslant j \leqslant h, j \neq i} \delta_{\tau_i+1,\tau_j}\right) \tag{5-15}$$

5.4.2 并行工作站实际使用数的上下界

首先，由式（5-1）和式（5-13）可得

$$m_i \geqslant \frac{a_i+d_i+\delta_{i+1,i-1}+d_{i-1}}{T} \geqslant \frac{a_i+d_i+\delta_{i+1,i-1}+d_{i-1}}{\overline{T}},\ 1 \leqslant i \leqslant N \tag{5-16}$$

式中，$\overline{T}$ 表示生产周期 T 的上界，$\overline{T}=\sum_{i=1}^{N}(a_i+d_{i-1,i})$。由此可得出 m_i 的下界为

$$\underline{m_i}=\left\lceil \frac{a_i+d_i+\delta_{i+1,i-1}+d_{i-1}}{\overline{T}} \right\rceil,\ 1 \leqslant i \leqslant N \tag{5-17}$$

式中，符号$\lceil x \rceil$表示对数字 x 向上取整。

如前所述，若每个加工阶段存在 m_i 个并行工作站，则工件在此加工阶段工作站上的作业时间将会持续 m_i 个生产周期。因此，若生产周期 T 给定，则必然存在 m_i 的一个上界值。具体来说，若 $c_i=0$，即 $s_i>s_{i-1}$，那么由式（5-2）可得

$$(m_i-1)T=t_i-s_i+s_{i-1}+d_{i-1}+w_{i-1},\ 1 \leqslant i \leqslant N \tag{5-18}$$

由于 $s_i > s_{i-1}$，由式（5-4）可得

$$s_i \geqslant s_{i-1}+d_{i-1}+w_{i-1}+\delta_{i,i} \tag{5-19}$$

综上分析，由式（5-18）和式（5-19），我们可得出：

$$(m_i-1)T \leqslant t_i-\delta_{i,i},\ 1\leqslant i\leqslant N \tag{5-20}$$

同理，若 $c_i=1$，即 $s_i < s_{i-1}$，通过推导，同样得到式（5-20）。换言之，无论周期开始时间工作站是否空闲，式（5-20）恒成立。综上，由式（5-1）和式（5-20），可得

$$m_i \leqslant \frac{b_i-\delta_{i,i}}{T}+1 \leqslant \frac{b_i-\delta_{i,i}}{\underline{T}}+1,\ 1\leqslant i\leqslant N \tag{5-21}$$

式中，$\underline{T}$ 表示生产周期 T 的下界。由式（5-9）、式（5-14）和式（5-15），可得 $\underline{T}=\max(\mathrm{LB}_1,\mathrm{LB}_2,\mathrm{LB}_3)$。综上，我们可得 m_i 的上界为：

$$\overline{m_i}=\left\lfloor \frac{b_i-\delta_{i,i}}{\underline{T}} \right\rfloor+1,\ 1\leqslant i\leqslant N \tag{5-22}$$

式中，符号 $\lfloor x \rfloor$ 表示对数字 x 的向下取整。

在上述工作的基础上，我们可知每个加工阶段实际使用的工作站数 m_i 的上下界分别为 $\overline{m_i}$ 和 $\underline{m_i}$。

5.4.3　在制品数上界

不难理解，每个生产周期内的任意时刻通常会有多个工件同时在加工处理。为了性质分析的需要，首先令 k 表示周期开始时间正在加工处理的工件数量。如前所述，若 $c_i=0$，可知在同一生产周期内搬运作业 $i-1$ 早于搬运作业 i 发生，这表明在周期开始时间加工阶段 S_i 至少要有一个工作站处于空闲状态，也就是说在周期开始时间 S_i 可同时对(m_i-1)个工件进行加工。同理，若 $c_i=1$，可知在同一生产周期内搬运作业 i 早于搬运作业 $i-1$ 发生，这表明在周期开始时间加工阶段 S_i 的所有工作站均被占用，也就是说在周期开始时间 S_i 可同时对 m_i 个工件进行加工。总而言之，在周期开始时间 S_i 可同时对(c_i+m_i-1)个工件进行加工。综上所述，可得关系式如下：

$$k=\sum_{i=0}^{N}(c_i+m_i-1)=\sum_{i=1}^{N}(c_i+m_i-1)+1 \tag{5-23}$$

接下来，我们将以第 5.2 节给出的数学模型为基础，推导出 k 的任何可行解必须要满足的关系式；然后，通过得到的关系式推导出 k 的上界，即周期开始时间制造单元中最大在制品个数，并给出计算时间复杂度。首先，给出定理 5-1、定理 5-2。

定理 5-1　周期开始时间制造单元中在制品数 k 必须满足的关系式如下：

$$T = \max(\mathrm{LB}_1, \mathrm{LB}_2, \mathrm{LB}_3) \quad (5\text{-}24)$$

$$kT \geqslant \sum_{i=0}^{N} d_i + \sum_{i=1}^{N} t_i + \delta_{N+1,0} \quad (5\text{-}25)$$

$$kT \geqslant \sum_{i=0}^{N} \theta_i + \sum_{i=1}^{N} t_i + a_0\text{，若 } G_{N+1}=G_0 \quad (5\text{-}26)$$

$$(k-2)T \leqslant \sum_{i=1}^{N-1} d_i + \sum_{i=1}^{N} t_i - \delta_{1,N} - \mathrm{LB}_1 \quad (5\text{-}27)$$

$$(k-1)T \leqslant \sum_{i=0}^{N} d_i + \sum_{i=1}^{N} t_i + b_0 - LB_1\text{，若 } G_{N+1}=G_0 \quad (5\text{-}28)$$

$$a_i \leqslant t_i \leqslant b_i, 1 \leqslant i \leqslant N \quad (5\text{-}29)$$

$$\overline{m_i}\, T \geqslant t_i + d_i + \delta_{i+1,\, i-1} + d_{i-1},\ 1 \leqslant i \leqslant N \quad (5\text{-}30)$$

证明：首先，由式（5-2），可得

$$(c_i + m_i - 1)T = t_i - s_i + s_{i-1} + d_{i-1} + w_{i-1},\ 1 \leqslant i \leqslant N \quad (5\text{-}31)$$

其次，通过将 i=1，2，3，…，N 分别代入式（5-31），然后对得到的 N 个等式左右两边分别进行求和，可得

$$(k-1)T = \sum_{i=1}^{N} t_i + \sum_{i=0}^{N-1} (d_i + w_i) - s_N \quad (5\text{-}32)$$

由于关系式 $s_N + \theta_N + w_N + \delta_{N+1,\,0} \leqslant T$，我们由式（5-32）可得

$$kT \geqslant \sum_{i=1}^{N} t_i + \sum_{i=0}^{N-1} (d_i + w_i) + \delta_{N+1,0} \quad (5\text{-}33)$$

因为 $\sum_{i=0}^{N} w_i \geqslant 0$，由式（5-33）可知式（5-25）必成立。

根据式（5-3），可得

$$s_N + d_N + w_N + a_0 \leqslant T\text{，若 } G_{N+1}=G_0 \quad (5\text{-}34)$$

由式（5-32）和式（5-34），也可得出式（5-26）。

由关系式 $s_N \geqslant d_0 + w_0 + \delta_{1,\,N}$，通过式（5-32）可得

$$(k-1)T \leqslant \sum_{i=0}^{N-1} (d_i + w_i) + \sum_{i=1}^{N} t_i - \delta_{1,N} \quad (5\text{-}35)$$

因为一个生产周期内机器人总的最小行驶时间为 LB_1，所以可知式（5-36）必成立：

$$\sum_{i=0}^{N} w_i \leqslant T - \mathrm{LB}_1 \quad (5\text{-}36)$$

由式（5-35）和式（5-36），也便可推导出式（5-27）。

再者，由式（5-3）可得

$$s_N \geqslant T - d_N - w_N - b_0 \quad (5\text{-}37)$$

在上述工作基础上，由式（5-32）、式（5-36）、式（5-37）便可得式（5-28）。式（5-29）表示柔性加工时间约束。

最后，由式（5-13）可得式（5-30）。

至此，**定理 5-1** 证明完毕。

接下来，将 k 的最大值记为 k_{max}。由**定理 5-1** 可知，k 的任何可行解必须同时满足式（5-24）~式（5-30），其中(T，t_1，t_2，…，t_N)是决策变量，取值未知。因此，假设对于一个给定的 k 值，记为 k_0，若至少存在一组（T，t_1，t_2，…，t_N）满足式（5-24）~式（5-30），则认为该 k_0 值可行，否则为不可行。由于 k 的取值范围在 1 到 K 之间，若依次将 k 赋值为 K，K−1，…，1，并分别用于求解式（5-24）~式（5-30），则在求解过程中，对于最先获得的且可行的 k 值，即为 k_{max} 的值。

对于判断给定 k 值是否可行这一问题，我们首先将该问题转变为求解最优生产周期 T 的问题，并将其转化为有向图中的最长路径问题，最后使用基于图论的多项式算法来求解。若有向图中存在正回路，则问题无解；反之，则有解[12]。

定理 5-2　在制品最大数 k_{max} 最坏情况下的计算时间复杂度为 $O(K^2N^3)$。

证明：为便于以下分析，首先定义中间变量 $D_i \equiv \sum_{j=1}^{i} t_j$，$0 \leqslant i \leqslant N$，其中 $D_0=0$。在此基础上，式（5-25）~式（5-30）可等价转为以下关系式：

$$D_0 - D_N \geqslant \sum_{i=0}^{N} d_i + \delta_{N+1,0} - kT \tag{5-38}$$

$$D_0 - D_N \geqslant \sum_{i=0}^{N} d_i + a_0 - kT \text{，若 } G_{N+1}=G_0 \tag{5-39}$$

$$D_N - D_0 \geqslant -\sum_{i=1}^{N-1} d_i + \delta_{1,N} + \mathrm{LB}_1 + (k-2)T \tag{5-40}$$

$$D_N - D_0 \geqslant -\sum_{i=0}^{N} d_i - b_0 + \mathrm{LB}_1 + (k-1)T \text{，若 } G_{N+1}=G_0 \tag{5-41}$$

$$D_i - D_{i-1} \geqslant a_i,\ 1 \leqslant i \leqslant N \tag{5-42}$$

$$D_{i-1} - D_i \geqslant -b_i,\ 1 \leqslant i \leqslant N \tag{5-43}$$

$$D_{i-1} - D_i \geqslant d_i + \delta_{i+1,\,i-1} + d_{i-1} - \overline{m_i}\,T,\ 1 \leqslant i \leqslant N \tag{5-44}$$

由于式（5-24）、式（5-38）~式（5-44）中的每个线性不等式都可以写成 $D_j - D_i \geqslant l_{i,j} - h_{i,j}T$ 的形式，其中符号 $l_{i,j}$ 和 $h_{i,j}$ 分别表示整数和实数，因而我们可将式（5-24）、式（5-38）~式（5-44）转化为由 N+1 个顶点（即 D_0，D_1，…，D_N）组成的有向图，其中 $D_j - D_i \geqslant l_{i,j} - h_{i,j}T$ 表示从 i 点到 j 点的有向弧，$l_{i,j}$，$h_{i,j}$ 分别表示有向弧的长度和权重。

基于上述分析，可将给定 k 值的可行性判定问题转换为有向图中生产周期 T 是否存在的判定问题，该问题可使用基于图论的多项式算法进行求解[12]，其最坏情形下的计算时间复杂度为 $O(|V|^2|E|w_{max})$，其中 w_{max} 表示权重的绝对值。对于本章所研究的调度问题

来说，$|V|=N+1$，$O(|E|)=N$，$w_{max}=K-1$，由此不难得知最坏情形下求解调度问题式（5-24）~式（5-30）所需要的最长时间为 $O(KN^3)$。综上分析，最坏情形下，计算 k_{max} 需要的最长时间为 $O(K^2N^3)$。

至此，**定理 5-2** 证明完毕。

5.5 分支定界算法

如前所述，在第 5.2 节，本章在假定已知机器人搬运作业顺序、周期开始时间工件分布状态以及各加工阶段实际使用工作站数量的条件下为所研究的调度问题建立了线性规划模型。因此，本节设计了一个特定的分支定界算法来枚举机器人搬运作业顺序、周期开始时间工件分布状态以及各加工阶段实际使用的工作站数量。通过对松弛的线性规划问题进行求解，我们便可知每次枚举的可行性及其决策变量（即 T, s_i, w_i）的最优值。本节提出的分支定界算法由两个嵌套的分支定界树组成，分别称为分支定界树 A 和树 B[6]。

分支定界树 A 负责隐枚举一个周期内所有可能的初始工件分布和并行工作站使用数量$\{(c_0, m_0), (c_1, m_1), \cdots, (c_N, m_N)\}$。分支定界树 A 的每个节点都对应着一组任意两个机器人搬运作业之间的偏优先关系，我们把这组优先关系记作 O。假设有一组搬运作业(i, j)，若 $s_i < s_j$，我们有$(i, j)\in O$。根据定义，不难理解，枚举变量 c_i 的取值等同于在枚举搬运作业 $i-1$ 和 i 之间的先后顺序关系。

在分支定界树 A 枚举完所有可能的初始工件分布和并行工作站使用数量$\{(c_0, m_0), (c_1, m_1), \cdots, (c_N, m_N)\}$之后，再由分支定界树 B 负责隐枚举保存下来的可能的初始工件分布和可能的并行工作站使用数量所对应的机器人搬运作业顺序，这样做可以缩小搜索空间和节省搜索时间。

5.5.1 分支定界树 A

分支定界 A 树负责枚举一个周期中所有可能的初始工件分布和工作站使用数量。图 5-4 给出了所研究调度问题的分支定界树 A 的结构。在枚举树 A 中，第 0 层的节点表示工作站 0（即装载站），第 1 层表示加工阶段 1……依此类推，第 n 层的节点就表示加工阶段 N。其中，第 n 层（$0\leqslant n\leqslant N-1$）中标记为$(0, i)$的分支节点表示工序阶段 S_n 在周期开始时刻没有工件在处理（即 $c_n=0$）和它实际使用的工作站数量为 i，即 $m_n=i$。反之，

第 n 层中标记为(1, i)的分支节点表示工序阶段 S_n 在周期开始时刻有工件在处理（即 c_n=1）和它实际使用的工作站数量为 i，即 m_n=i。

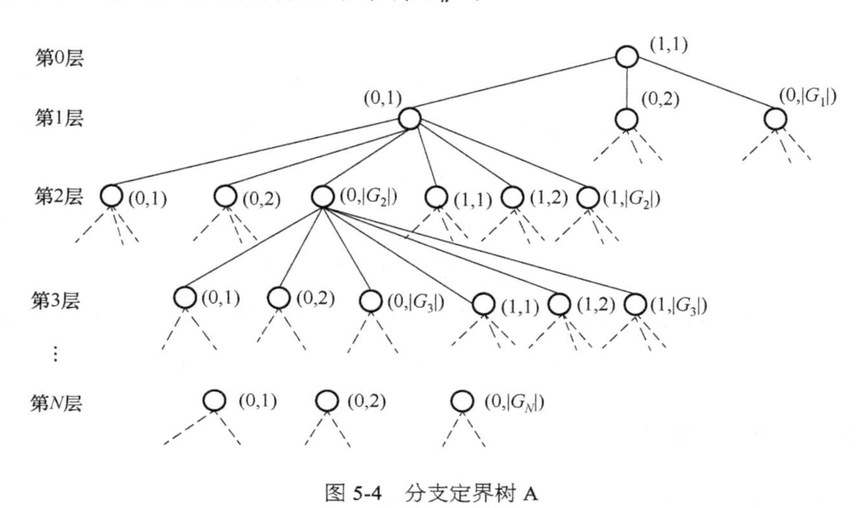

图 5-4 分支定界树 A

此外，由于 $c_n\in\{0,1\}$，$m_n\in\{1,2,\cdots,|G_n|\}$，不难得知枚举树 A 的每一个节点最多可有 $2|G_n|$个子节点。但是，可以使用第 5.4 节中得到的最优解性质删除其中一些不可行节点。具体来说，首先令 $k_n=\sum_{i=0}^{n}(c_i+m_i-1)$。如果从根节点 0 到节点 n 的工件分布和工作站使用数为$\{(c_0, m_0), (c_1, m_1), \cdots, (c_n, m_n)\}$，且相应的在制品数 k_n 大于已知的在制品数上界值 $k_{\max}$，那么删除该节点。同理，如果枚举树 A 中标记为(c_n, m_n)的节点其 m_n 值小于它的一个已知下界值或者大于它的一个已知上界值（即 $m_n<\underline{m_n}$ 或者 $m_n>\overline{m_n}$），那么也同样删除该节点。此外，由于可重入工作站在同一时刻最多只能同时加工一个工件，那么对于使用同一个可重入工作站的所有工序阶段（记为τ_1，τ_2，…，τ_h）来说，可知有 $c_{\tau_1}+c_{\tau_2}+c_{\tau_3}+\cdots+c_{\tau_h}=1$成立。基于此分析，对于 $1\leqslant k\leqslant h$，如果有 $c_{\tau_k}=1$，那么有 c_j=0，$j\in\{\tau_1,\tau_2,\cdots,\tau_h\}/\{\tau_k\}$。

枚举树 A 依据上述分支标记规则生长直至所有加工阶段的初始工件分布和工作站使用数量都确定后才停止生长。此外，依据上述分支标记规则，可知枚举树 A 的每一个节点 n 都对应着一个从根节点到该节点的初始工件分布和工作站使用数量，即$\{(c_0, m_0), (c_1, m_1),\cdots,(c_n, m_n)\}$。在此，可通过求解松弛问题 P_N 获得生产周期 T 的下界值 T_L，其中松弛问题 P_N 是由问题 P 松弛掉关系式（5-4）和取关系式（5-4）、式（5-7）、式（5-8）的部分约束转化而来的，枚举树 A 中每一个节点都对应着这样一个松弛问题。该松弛的线性规划问题可表示如下：

$$P_N:\quad \text{Minimize } T$$

s.t.

$$a_i \leqslant (c_i+m_i-1)T+s_i-s_{i-1}-d_{i-1}-w_{i-1} \leqslant b_i,\ 1\leqslant i\leqslant N \tag{5-45}$$

$$s_i+d_i+w_i+\delta_{i+1,\,i-1} \leqslant s_{i-1},\ \text{若 } c_i=1, 1\leqslant i\leqslant N \tag{5-46}$$

$$s_i \geqslant s_0+d_0+w_0+\delta_{1,\,i},\ 1\leqslant i\leqslant N \tag{5-47}$$

$$s_i+d_i+w_i+\delta_{i+1,\,0} \leqslant T,\ 1\leqslant i\leqslant N \tag{5-48}$$

$$s_i \geqslant 0, w_i \geqslant 0, T \geqslant 0,\ 1\leqslant i\leqslant N \tag{5-49}$$

如果上述松弛问题 P_N 无解或有解但其下界值大于一个已知的上界值，那么就删除掉该问题所对应的节点。否则，问题 P_N 所得的最优解便是生产周期 T 的一个下界值。

5.5.2 分支定界树 B

如图 5-5 所示，分支定界树 B 是一个二叉树，其用于枚举机器人搬运作业顺序。如前所述，分支定界树中的每个节点都对应着一组机器人搬运作业顺序的偏优先关系，记为 O。因此，可通过求解下列线性规划问题便可得出节点 O 所对应的生产周期 T 的下界：

$$P_O:\quad \text{Minimize } T$$

s.t.

$$a_i \leqslant (c_i+m_i-1)T+s_i-s_{i-1}-d_{i-1}-w_{i-1} \leqslant b_i,\ 1\leqslant i\leqslant N \tag{5-50}$$

$$s_i \geqslant s_0+d_0+w_0+\delta_{1,i},\ 1\leqslant i\leqslant N \tag{5-51}$$

$$s_i+d_i+w_i+\delta_{i+1,\,0} \leqslant T,\ 1\leqslant i\leqslant N \tag{5-52}$$

$$s_i+d_i+w_i+\delta_{i+1,\,j} \leqslant s_j,\ \text{其中}(i,j)\in O \tag{5-53}$$

$$s_i+d_i+w_i+\delta_{i+1,\,j-1}+d_{j-1}+w_{j-1}+t_j \leqslant s_j,\ \text{其中}(i,j)\in O, G_i=G_j \tag{5-54}$$

$$s_j+d_j+w_j+\delta_{j+1,\,i-1}+d_{i-1}+w_{i-1}+t_i \leqslant T+s_i,\ \text{其中}(i,j)\in O, G_i=G_j \tag{5-55}$$

$$s_i \geqslant 0,\ w_i \geqslant 0,\ T \geqslant 0,\ 1\leqslant i\leqslant N \tag{5-56}$$

分支定界树 B 的每个节点的分支都与上述线性规划问题 P_O 有关。如果问题 P_O 的解，记为 $[T(O), s(O), w(O)]$，全部满足式（5-4）、式（5-7）和式（5-8），那么便可得到一个可行的生产周期 T；否则，可知 P_O 的解中存在一对关系 (i^*, j^*)，至少违反了式（5-4）、式（5-7）以及式（5-8）中的一个，即

$$s_{i^*}(O)+d_{i^*}+w_{i^*}(O)+\delta_{i^*+1,\,j^*} > s_{j^*}(O),\ \text{且 } s_{i^*}(O) \leqslant s_{j^*}(O) \tag{5-57}$$

$$s_{i^*}(O)+d_{i^*}+w_{i^*}(O)+\delta_{i^*+1,\,j^*-1}+d_{j^*-1}+w_{j^*-1}(O)+t_{j^*} > s_{j^*}(O),$$

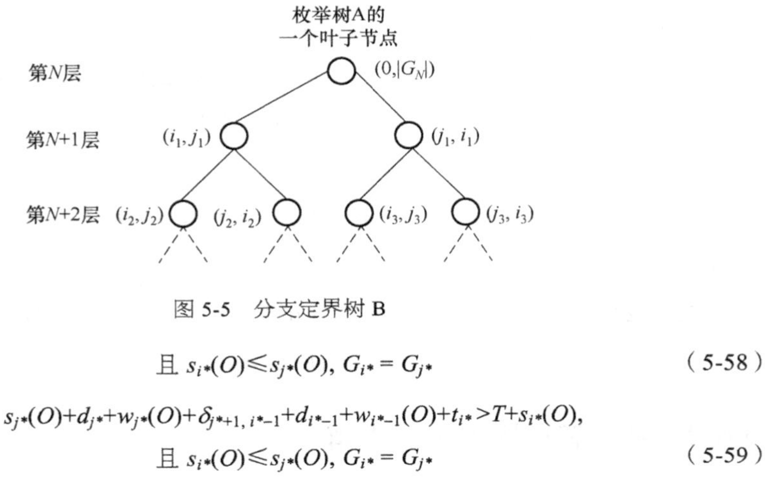

图 5-5　分支定界树 B

$$\text{且 } s_{i^*}(O) \leqslant s_{j^*}(O),\ G_{i^*} = G_{j^*} \tag{5-58}$$

$$s_{j^*}(O)+d_{j^*}+w_{j^*}(O)+\delta_{j^*+1,\, i^*-1}+d_{i^*-1}+w_{i^*-1}(O)+t_{i^*}>T+s_{i^*}(O),$$
$$\text{且 } s_{i^*}(O) \leqslant s_{j^*}(O),\ G_{i^*} = G_{j^*} \tag{5-59}$$

由于分支定界树 B 中节点的分支由搬运作业(i^*, j^*)之间的两个优先关系(i^*, j^*)和(j^*, i^*)组成，所以应当对应地将优先关系(i^*, j^*)或(j^*, i^*)添加到关系集合 O 里，如图 5-5 所示，分支定界树 B 中标记为$(0,|G_N|)$的节点有两个子节点(i_1, j_1)和(j_1, i_1)，其中子节点(i_1, j_1)用于表示搬运作业 i_1 早于搬运作业 j_1，而子节点(j_1, i_1)用于表示搬运作业 j_1 早于搬运作业 i_1。

最后，本章提出的分支定界算法采用基于最优下界的深度优先搜索策略。通过求解线性规划问题 P_N 和 P_O 便可得出生产周期 T 的最优下界。为了有效求解线性规划问题 P_N 和 P_O，根据以往文献[12]的思路，本章将其转化成有向图中求解最长路径的问题，从而实现多项式可解。

5.6　基于图论的下界求解

5.6.1　图论的基本概念

图论（Graph Theory）以图为研究对象，图是由若干给定的点及连接两点的线所构成的图形，这种图形通常用来描述某些事物之间的某种特定关系，用点代表事物，用连接两点的线表示相应两个事物间具有这种关系。

以下给出有关图论的两种定义[123][124]。

定义（1）：一个有序二元组(V,E)称为一个图，记作 $G=(V,E)$，其中：

1）V 称为 G 的顶点集，它是一个非空有限集，其元素称为图的顶点，简称点。

2）E 称为 G 的边集，其元素称为图的边，它连接 V 中的两个点，如果这两个点是无序的，则称该边为无向边；否则称为有向弧。

有向图是由一系列顶点和连接这些顶点的有向弧组成的。有向图可用如下形式表示：

$$V=\{v_1,v_2,\cdots,v_n\},|V|=n$$

$$E=\{e_1,e_2,\cdots,e_m\},(e_k=v_iv_j),|E|=m$$

式中，点 v_i 、 v_j 分别为有向弧 v_iv_j 的始点和终点；n 和 m 分别为有向图的顶点个数和有向弧的条数。

定义（2）：若将有向图 G 的每一条有向弧 e 都对应一个实数 $W(e)$，则称 $W(e)$为该弧的权值，并称图 G 为赋权图，记作 $G=(V, E, W)$。

5.6.2 基于有向图的下界求解

本章提出的分支定界算法主要通过求解一系列的线性规划问题（LPP）来获得研究问题的最优调度生产周期 T。为了有效求解上述线性规划问题，本文将求解 T 的问题转化成有向图中求解最长路径的问题，具体方法如下：根据 Chen 等人[12]的相关叙述，将要求解的线性规划问题转换为有向图的形式，这主要通过以下公式（5-60）对本章所建的数学约束模型进行形式变换：

$$S_{r,i}-S_{u,j}\geqslant l_{i,j}-w_{i,j}T \tag{5-60}$$

式中，$w_{i,j}$ 表示有向弧的权重，其取值为 0，1，或−1；$l_{i,j}$ 为实数，表示有向弧的长度；$l_{i,j}-w_{i,j}T$ 表示有向弧的权值，由于本章调度问题的研究目标之一是最小化生产周期 T 值，故在此将权值定义为以 T 为自变量的一次函数。

本章所研究的可重入柔性自动化制造单元调度问题的各类型约束条件都可以转换为有向图形式，图 5-6 给出了模型中各类型约束条件的有向图表示示意图。

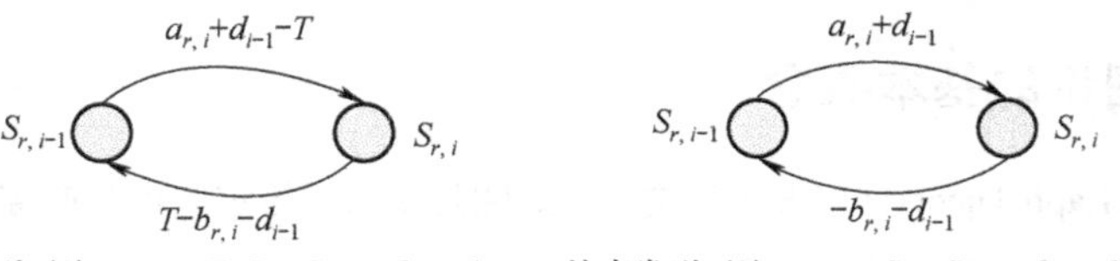

约束类型（1）：$a_{r,i}\leqslant T+S_{r,i}-S_{r,i-1}-d_{i-1}\leqslant b_{r,i}$　约束类型（2）：$a_{r,i}\leqslant S_{r,i}-S_{r,i-1}-d_{i-1}\leqslant b_{r,i}$

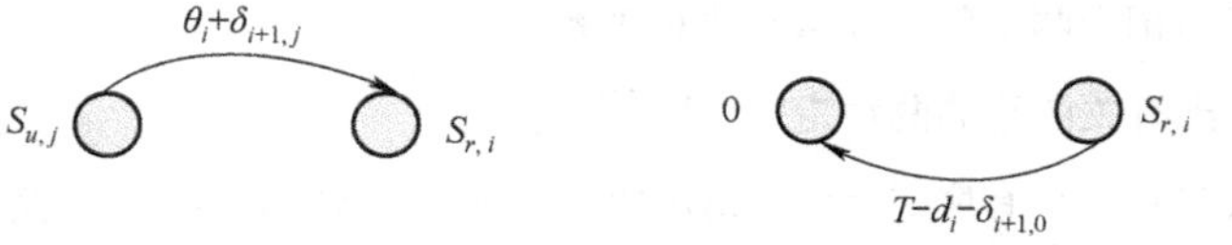

约束类型（3）：$S_{r,i}+d_i+\delta_{i+1,j}\leqslant S_{u,j}$　约束类型（4）：$S_{r,i}+d_i+\delta_{i+1,0}\leqslant T$

图 5-6　模型中四种类型约束条件的有向图表示示意图

在问题 P_N 和问题 P_O 中，每个线性规划问题的约束都可以按照图 5-6 中的方式进行等价转化。因此，问题 P_N 和问题 P_O 可转化为基于有向图的 T 值约束模型，这样就将求解柔性可重入自动化制造单元生产周期 T 的问题转化成有向图中求解最长路径的问题，从而实现多项式可解。

5.7　算法步骤

以下给出使用本章设计的分支定界算法求解所研究调度问题的具体步骤[6]：

步骤 1：问题 P 的目标为最小化生产周期 T 值，设最优解的初始值 Z=∞；针对问题的特点，设计两个分支定界树，其分别为树 A 以及树 B。根据 c_k 和 m_k，$1 \leqslant k \leqslant N$，确定枚举树 A 的分支和标记规则。如前所述可知，A 树第一层只有一个节点，记为根节点。

步骤 2：从 A 树尚未被搜索的节点（局部解）中选择一个节点，则在此节点的下一层根据相应分支规则生成新的子节点，并转至步骤 3；若 A 树节点都已被搜索，这表明问题求解完毕，整个算法终止运算。

步骤 3：计算每一个新分支出来的节点的下限值（Lower Bound，LB）。每一节点对应着一个松弛问题 P_n，其中 $n \leqslant N$，若节点满足以下条件之一，则删除此节点：①节点所对应的松弛问题 P_n 无解；②松弛问题 P_n 有解但其值大于等于 Z 值。若松弛问题 P_n 有可行解，则需比较此可行解与 Z 值的大小，若前者较小，则更新 Z 值，并作为可行解的值。

步骤 4：当 $n<N$ 时，则重复进行步骤 2。当 $n=N$ 时，枚举树 A 停止生长，并得到松弛问题 P_N 的可行解，若无可行解，则问题 P 无任何解。若此可行解满足式（5-4）、式（5-7）和式（5-8）中的所有松弛约束，则该可行解便是问题 P 的最优解；若此可行解不完全满足式（5-4）、式（5-7）和式（5-8）中的松弛约束，则枚举树 B 被激活，转到步骤 5。

步骤 5：分支定界树 B 的根节点为分支定界树 A 的一个叶子节点，使根节点分支成两个子节点 (i, j) 和 (j, i)，其中 $(i, j), (j, i) \in O$，并增添式（5-4）、式（5-7）和式（5-8）中的所有约束形成问题 P_O。若问题 P_O 无解或有解但其值大于等于 Z 值，该问题对应的节点应被删除；若问题 P_O 有可行解，此可行解即为问题 P 的最优解。

步骤 6：若问题 P_O 的解中仍有一对关系 (i^*, j^*) 违反式（5-4）、式（5-7）和式（5-8）中的约束，继续分支成两个节点 (i^*, j^*) 和 (j^*, i^*)，重复步骤 5，直至问题 P_O 得到一个可行解，即求出问题 P 的最优解。

5.8 算法验证

本章首先通过自动化制造单元的多个典型实例对所建立的数学模型和设计的分支定界算法进行验证，同时给出相应的计算结果，最后与 Liu 等人提出的混合整数规划方法（MIP）[44]进行对比。

本章采用 C++语言编制了所设计的分支定界算法以及 Liu 等人提出的混合整数规划方法（MIP）并调用优化软件 CPLEX 的混合整数规划求解器对其进行求解。

在验证算法性能的同时，为了便于与 Liu 等人提出的混合整数规划方法（MIP）进行对比，本节采用 Phillp&Unger、Black Oxide 1、Black Oxide 2、Copper、Zinc、Ligne1、Ligne2、Ligne3、Ligne4 等 9 个典型实例对它们分别进行测试。表 5-1 给出了上述典型实例的相关数据。表 5-2 给出了典型测试实例的最优解特性信息。从表 5-2 可看出，第 5.3 节提出的 k_{max} 计算方法可用于高效求解各种典型实例。例如，典型实例 Ligne3 和 Ligne4 各有 31 个工作站，若周期开始时刻在制品数量大于 17 和 11，则对应的调度方案必不可行。由此可知，第 5.3 节提出的最优解性质能够极大的缩小分支定界算法的搜索空间。

表 5-1　典型测试实例数据

典型测试实例	工序总数 N	工作站总数 K	可重入工作站数量	并行工作站数量
Phillp&Unger	12	12	0	0
Black Oxide 1	11	12	0	1
Black Oxide 2	11	12	0	1
Copper	11	17	0	2
Zinc	15	18	0	1
Ligne1	12	12	0	0
Ligne2	14	14	0	0
Ligne3	18	31	1	4
Ligne4	35	31	4	1

表 5-2　典型测试实例最优解特性信息

典型测试实例	K	k_{max}	LB_1/s	LB_2/s	LB_3/s	最优生产周期 T/s
Phillp&Unger	12	6	363	224	–	521
Black Oxide 1	12	8	214.4	237.8	–	304.1

（续）

典型测试实例	K	k_{max}	LB_1/s	LB_2/s	LB_3/s	最优生产周期 T/s
Black Oxide 2	12	9	214.4	237.8	–	255.7
Copper	17	15	247.4	319.95	–	319.95
Zinc	18	11	274	429.48	–	435.85
Ligne1	12	6	347	349	–	418
Ligne2	14	6	401	712	–	712
Ligne3	31	17	662	287.25	166	784.75
Ligne4	31	11	857	880	491	1585

表 5-3 给出了采用本章提出的分支定界算法求解典型测试实例的计算结果。从表 5-3 可以看出，测试结果主要包括计算时间、分支定界树的节点个数、分支定界算法获得的最优生产周期 T 和文献中报道的 T。从表 5-3 总体上可以看出，本章所提出的分支定界算法在计算时间和搜索节点个数两方面都非常高效。例如，从表 5-3 可以看出对于较大规模的典型测试实例 Ligne3 和 Ligne4，其加工工序总数分别为 18 和 35，本章提出的分支定界算法始终能够在合理的时间内求解问题，而人工制定出调度方案则需要花费数倍时间。

表 5-3　本章分支定界算法的测试结果

典型测试实例	计算时间 CPU/s	计算的节点个数	本章分支定界算法获得的 T/s	文献中的最优生产周期 T/s
Phillp&Unger	0.59	3692	521	521
Black Oxide 1	0.27	1696	304.1	304.1
Black Oxide 2	0.78	4095	255.7	255.7
Copper	0.08	579	319.95	319.95
Zinc	3.49	14198	435.85	435.85
Ligne1	0.96	5463	418	425
Ligne2	0.87	4530	712	712
Ligne3	34066.0	28678163	784.75	–
Ligne4	3308.8	3271935	1585	–

此外，从表 5-3 的最后两列可以看出，对于典型测试实例 Phillp&Unger、Black Oxide 1、Black Oxide 2、Copper、Zinc 以及 Ligne2 等而言，本章提出的分支定界算法获得的最优生产周期 T 和文献中报道的最优生产周期 T 是完全相同的，这表明本章提出的分支定界算法是有效的。同时还可以看出，本章提出的分支定界算法为典型测试实例 Ligne1 找到

了比文献中更优的生产周期 T=418s，同时还首次找到了典型测试实例 Ligne3 和 Ligne4 的最优生产周期，分别为 784.75s 和 1585s。

此外，为便于对比分析，本章还采用 Liu 等人提出的 MIP 方法并结合优化软件 CPLEX 对上述典型测试实例进行了求解。需要指出的是，优化软件 CPLEX 内置了通用的分支定界方法求解混合整数规划问题，因此和本章提出的特定的分支定界算法有一定的可比性。表 5-4 给出了典型测试实例的 MIP 方法问题规模及相关参数信息。表 5-5 给出了采用 MIP 方法求解典型测试实例的计算结果。在表 5-5 中，优化软件 CPLEX（即 MIP 方法）在求解典型测试实例 Ligne3 和 Ligne4 时，计算时间过长，中断了算法运算，所以表中相应数字尾部标记为 [a]，同时也给出了优化软件 CPLEX（即 MIP 方法）能够找到的最好的可行生产周期 T。

表 5-4　典型测试实例的 MIP 方法问题规模及参数

典型测试实例	N	K	变量个数	0-1 变量个数	约束个数
Phillp&Unger	12	12	92	66	204
Black Oxide 1	11	12	84	57	181
Black Oxide 2	11	12	84	57	181
Copper	11	17	94	63	202
Zinc	15	18	149	109	313
Ligne1	12	12	92	66	204
Ligne2	14	14	121	91	266
Ligne3	18	31	223	172	480
Ligne4	35	31	675	595	1408

表 5-5　混合整数规划方法的测试结果

典型测试实例	计算时间 CPU/s	计算的节点个数	每个 LLP 的平均计算时间 CPU/ms	最优生产周期 T/s
Phillp&Unger	5.43	13523	0.40	521
Black Oxide 1	1.09	2865	0.38	304.1
Black Oxide 2	2.79	7531	0.37	255.7
Copper	2.03	4103	0.65	319.95
Zinc	79.49	121143	0.66	435.85
Ligne1	8.18	19457	0.42	418
Ligne2	4.76	8156	0.58	712
Ligne3	1976.87[a]	2194634[a]	0.90[a]	945[a]
Ligne4	25956.22[a]	6976945[a]	3.72[a]	7975[a]

从表 5-3 和表 5-5 可以看出，本章所提出的分支定界算法在计算时间和搜索节点个数两方面相对于混合整数规划方法（MIP）都具有高效性。由表 5-3 和表 5-5 中给出的数据可以分析得出，采用分支定界算法计算时间和搜索的节点个数远少于 MIP，且工作站个数越大，分支定界算法越优于 MIP。

此外，从表 5-3 和表 5-5 还可以看出对于较大规模此类调度问题，即 Ligne3 和 Ligne4，本章提出的分支定界算法始终能够在合理的时间内求解问题，而优化软件 CPLEX（即 MIP 方法）由于其计算时间过于长，失去了对比的意义。同时，测试结果也表明基于图论的多项式算法在求解较大规模线性规划问题时与基于单纯型法的优化软件 CPLEX 相比更具有高效性，这主要来自两个方面的原因：一方面是第 5.3 节开发的解析特性极大地缩小了分支定界算法的搜索空间（即引导算法有效避开了大量的不可行解区域）；另一方面是由于本章所研究调度问题的结构特性，所以采用基于图论的多项式算法能够高效地获取生产周期的有效下界，从而极大地提高了分支定界算法的搜索效率。

综上所述，典型实例测试结果表明了本章所建立的数学模型和设计的分支定界算法在求解较大规模的此类调度问题上明显优于 Liu 等人提出的 MIP 方法。

5.9 本章小结

本章为可重入自动化制造单元周期调度问题设计了特定而又高效的分支定界算法。首先，在建立所研究问题的数学模型之后，对研究问题的结构特性进行了分析，然后设计了两个分支定界树 A 和 B，其中，树 A 用来枚举一个周期内所有可能的初始工件分布与工作站使用数量，而树 B 用于枚举分支定界 A 阶段中未被删除的每一个叶子节点所对应的机器人搬运作业顺序。其次，通过将求解生产周期 T 的问题转化为有向图求最长路径的问题进行求解。最后，通过典型测试实例对所建的数学模型和设计的分支定界算法进行了有效性验证，并与 Liu 等人提出的 MIP 进行对比，实验结果表明：本章设计的分支定界算法不仅可以获得问题的最优解，而且在求解效率上明显优于 Liu 等人提出的 MIP 方法。

第 6 章

柔性自动化混流制造单元流水车间调度

6.1 引言

自动化混流制造单元是能够有效组织小批量多品种生产的一种先进生产制造模式。企业通过运用自动化混流制造单元进行生产，能够将市场需求与生产过程结合起来，提升生产管理水平，从而快速响应市场需求的变化，进而提高自身产品的市场竞争力。

在自动化混流制造单元中，首先需要将 R 个不同类型的工件按照一定的比例和顺序组成 MPS，然后以 MPS 方式在制造单元进行生产加工。因为在整个生产过程中由机器人执行所有的搬运作业任务，所以物料搬运机器人是被所有工作站所共享的运输设备。综上可知，此类优化调度问题的核心就是有效统筹优化两个子问题，即优化调度多种不同类型工件的加工顺序问题和机器人搬运作业顺序问题。在满足工件加工工艺的前提下，通过优化调度工件的加工顺序和机器人搬运作业顺序，能够保证平准化和均衡化生产，从而在品种和数量上实现混流加工，这样不但可以起到对市场小批量多品种需求快速做出反应并满足功能需求，而且对于提高制造单元整体效率和产品交付率、提升生产管理水平以及降低生产成本等方面也至关重要。

针对自动化混流制造单元流水车间调度，代表性的研究有：Che 等人[3]为解决多度（即多个同类型工件）自动化制造单元周期性调度问题提出了有效的分支定界算法；Zhou 等人[5]则为解决此类多度调度问题提出了混合整数规划方法（MIP）；Li 和 Fung[37]为解决具有可重入工作站的多度调度问题提出了有效的 MIP。近年来，Elmi 和 Topaloglu[125]首先为单机器人自动化混流制造单元 Flowshop 调度问题建立了 MIP 模型并提出了基于模拟退火算法的元启发式调度算法。随后，Wang 等人[126]则为多机器人自动化混流制造单元 Flowshop 调度问题建立了 MIP 模型并构造了基于松弛模型的启发式算法。与此同时，Elmi 和 Topaloglu[127]则为类似调度问题建立了新的 MIP 模型并使用优化软件 GAMS 进行求解。

此外，也有其他学者研究了其他不同类型的自动化混流制造单元 Flowshop 调度问题[128~130]。

本章以最小化生产周期为优化目标，针对柔性加工时间自动化混流制造单元 Flowshop 周期性调度问题，结合其结构特性，提出高效的分支定界求解算法。

6.2 研究问题的描述与假设

6.2.1 问题描述

本章研究的自动化混流制造单元流水车间调度由 1 个物料搬运机器人、N 个工作站（W_1, W_2, …, W_N）以及装载站 W_0 和卸载站 W_{N+1} 组成。假定在一个生产周期内要均衡化生产 $R(R \geqslant 2)$个不同类型的工件，记为：1, 2, 3,…,R。不同类型的工件从装载站 W_0 进入自动化制造单元，然后依次根据各自的柔性加工时间约束在每个工作站进行加工，所有工序都完成后从卸载站 W_{N+1} 离开自动化制造单元。不同类型工件根据各自的加工顺序依次串行访问工作站进行加工，且各自的柔性加工时间约束也是不同的。当一个工件在工作站上完成加工后（其实际加工时间必须满足给定的柔性加工时间约束），由于工作站之间没有任何存储设施，机器人必须立即将其搬运到下一个工作站上进行加工。在任意时刻，1 个工作站只能处理 1 个工件，1 个机器人 1 次也只能搬运 1 个工件。

为简化生产管理，自动化混流制造单元通常按照周期性方式来运行，即系统每隔一固定时间，就会周期性重复相同的状态。每个周期内各有一个 MPS 进入制造单元，同时前一个 MPS 完成加工并离开制造单元，并且机器人在每个周期内执行固定顺序的搬运作业。根据上述描述可知，相邻两个 MPS 进入系统的时间间隔即为周期长度或生产节拍[8~10]。

6.2.2 参数与变量

如前所述，由于 1 个周期内 1 种类型的工件只有 1 个进入，各种不同类型的工件将组成一个 MPS，进入制造单元进行加工，所以为叙述方面起见，同样将类型为 $r(1 \leqslant r \leqslant R)$ 的工件简称为工件 r。

为问题建模的需要，定义以下符号：

N：自动化制造单元中工作站的个数，其不包括装载工作站 W_0 和卸载工作站 W_{N+1}。

R：1 个周期内进入或离开制造单元的工件总数。

$[a_{r,i}, b_{r,i}]$：工件 r 在工作站 W_i 上的柔性加工时间上下界，$1 \leqslant i \leqslant N$, $1 \leqslant r \leqslant R$。

搬运作业[r, i]：表示机器人把工件 r 从工作站 W_i 搬运到工作站 W_{i+1} 的搬运活动，$0 \leqslant i \leqslant N$, $1 \leqslant r \leqslant R$；任意一个完整的搬运作业[r, i]由 3 个活动组成：①机器人将工件 r 从工作站 W_i 上卸载；②机器人将该工件从工作站 W_i 搬运到工作站 W_{i+1}；③机器人将工件 r 装载在工作站 W_{i+1}。可以得出，一个调度周期内共有 $R(N+1)$ 个搬运作业。

d_i：机器人完成搬运作业[r, i]所需要的时间，$0 \leqslant i \leqslant N$, $1 \leqslant r \leqslant R$。

$\delta_{i,j}$：机器人从工作站 W_i 空驶到工作站 W_j 所需要的时间，$0 \leqslant i, j \leqslant N+1$。其中 $\delta_{i,j}$ 满足三角不等式关系，即 $\delta_{i,j} \leqslant \delta_{i,k} + \delta_{k,j}$, $i, k, j = 0, 1, \cdots, N$，表示机器人在任意两个工作站之间的空驶直线距离所需要的时间是最短的；特别是，当 $j = i+1$ 时，$\delta_{i,i+1} \leqslant d_i$，$0 \leqslant i \leqslant N$，表示机器人执行搬运作业[r, i]的时间要大于等于机器人从工作站 W_i 空驶到工作站 W_{i+1} 的时间，在实际的生产调度中，这两个关系式都是成立的。

定义该问题的决策变量如下：

T：周期长度。

$S_{r,i}$：搬运作业[r, i]的开始时间，$0 \leqslant i \leqslant N$, $1 \leqslant r \leqslant R$。

为了便于分析，定义以下中间变量：

$m(r)$：第 r 个进入混流制造单元加工的工件类型编号。不失一般地，假定 $m(1)=1$,表示在生产周期里工件 1 是第一个进入制造单元加工的。因此，$m(2)$表示生产周期里第二个进入制造单元加工的工件编号。依此类推，$m(R)$即表示生产周期里最后一个进入制造单元加工的工件编号。由于自动化制造单元以循环方式运作，因此不难理解，$m(R+1)=m(1)$。

c_i：在周期开始时间，工作站 W_i 上是否存在正在加工的工件。如果存在，则 $c_i=r$，其中 $1 \leqslant r \leqslant R$；反之，$c_i=0$。因此，周期开始时刻的初始工件完整分布情况可表示为 $C_N=\{c_0, c_1, \cdots, c_{N-1}, c_N\}$。

图 6-1 为自动化混流制造单元 Flowshop 调度问题机器人周期性调度示意图，该制造单元包括 3 个工作站，其中 1～3 号工作站负责工件处理，0 号和 4 号工作站分别为装载站和卸载站。从图 6-1 中可以看出，该混流制造单元处理两种不同类型工件，其处理路线相同，但柔性加工时间约束不同。在生产周期 T 内，工件的加工顺序为：工件类型 1→工件类型 2，相应的机器人搬运作业开始时间顺序为：$S_{1,0} \to S_{2,3} \to S_{1,1} \to S_{2,0} \to S_{1,2} \to S_{2,1} \to S_{1,3} \to S_{2,2}$，其中 $S_{r,i}$ 表示搬运作业[r, i]的开始时间。机器人按照图中的顺序执行空驶或搬运作业活动，直到机器人空驶回到装载站然后再重复相同的状态。机器人完成这样一组周期性作业活动的时间就是周期长度 T。综上可知，解决此类调度问题的关键也是如何

确定 $S_{r,i}$和 T，因此，它们是该类调度问题建模过程中的决策变量。

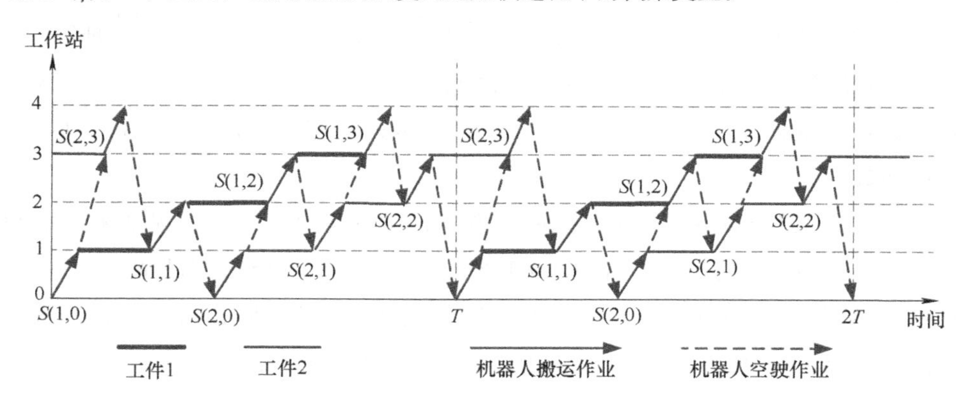

图 6-1　自动化混流制造单元 Flowshop 调度问题机器人周期性调度示意图

6.3 数学建模

如前所述，一个调度方案只有在满足柔性加工时间、工作站加工能力以及机器人搬运能力三类约束条件时才是可行的，这里就不再重复叙述。本章所研究调度问题的目标同样是在满足上述约束的条件下确定 R 个不同类型工件的最优加工顺序并找到机器人周期性重复执行的搬运作业顺序，以便最大化生产率。

6.3.1 柔性加工时间约束建模

柔性加工时间约束要求工件在工作站 W_i 上的加工时间必须是在给定的柔性加工时间下界 $a_{r,i}$ 以及上界 $b_{r,i}$ 之间，$1 \leqslant i \leqslant N$，$1 \leqslant r \leqslant R$，小于下界值或大于上界值都会产生废品。在一个周期调度中，共有 R 个不同类型工件进入和离开自动化制造单元。因此，在一个周期内每一个工作站需要加工 R 个不同类型的工件，所以，对于一个给定的工作站，共有 R 个柔性加工时间约束需要考虑。

从图 6-1 可以看出，工作站 W_1 在周期开始时间空闲，工件 1 和工件 2 在工作站 W_1 上的加工时间分别是 $S_{1,1}-S_{1,0}-d_0$ 和 $S_{2,1}-S_{2,0}-d_0$；工作站 W_2 在周期开始时刻有工件 2 加工，工件 1 和工件 2 在工作站 W_2 上的加工时间分别是 $S_{1,2}-S_{1,1}-d_1$ 和 $T+S_{2,2}-S_{2,1}-d_1$。

综上可知，在周期开始时间，工作站要么是空闲要么是有工件在处理，因此，从这两方面考虑柔性加工时间约束建模。

（1）若周期开始时间工作站 W_i 处于空闲状态（如图 6-1 工作站 1 所示）。根据定义，在 $S_{r,i-1}+\theta_{i-1}$ 时刻，机器人将工件 r $(1\leqslant r\leqslant R)$装载到此工作站上，并在完成处理后，在 $S_{r,i}$ 时刻将其搬离该工作站。由此可知，工件 r 在该工作站上的实际加工时间：$t_{r,i}=S_{r,i}-S_{r,i-1}-d_{i-1}$，则此种情况下柔性加工时间约束可表示为：$a_{r,i}\leqslant S_{r,i}-S_{r,i-1}-d_{i-1}\leqslant b_{r,i}$，$1\leqslant i\leqslant N, 1\leqslant r\leqslant R$。

（2）若周期开始时间工件 u 已经在工作站 W_i 上加工（如图 6-1 工作站 3 所示），则可知工件 u 是在上一周期的 $S_{u,i-1}+d_{i-1}-T$ 时刻进入该工作站，且会在本周期的 $S_{u,i}$ 时刻完成加工并被搬离该工作站，因此，工件 u 在工作站 W_i 上的实际加工时间：$t_{r,i}=T+S_{u,i}-S_{u,i-1}-d_{i-1}$。综上分析可知，此种情况下的柔性加工时间约束可表示为：$a_{u,i}\leqslant T+S_{u,i}-S_{u,i-1}-d_{i-1}\leqslant b_{u,i}$, $1\leqslant i\leqslant N, 1\leqslant u\leqslant R$。

此外，对于其他任意工件 r，$r\neq u$，其在工作站 W_i 上的加工时间分析如下：在周期开始时刻，通过 $c_i=u$，可知工作站 W_i 不能在这一时刻加工除工件 u 以外的其他工件。因此，对于其他任意工件 r，$r\neq u$，可知搬运作业[r, i]总是发生在同一周期的搬运作业[r, $i-1$]之后。综上分析，工件 r 在工作站 W_i 上的实际加工时间可表示为：$S_{r,i}-(S_{r,i-1}+d_{i-1})$，$1\leqslant r\leqslant R$ 且 $r\neq u$。

综上，柔性加工时间约束建模可表示为

$$a_{u,i}\leqslant T+S_{u,i}-S_{u,i-1}-d_{i-1}\leqslant b_{u,i},\ \text{若}\ c_i=u,\ 1\leqslant i\leqslant N \tag{6-1}$$

且

$$a_{r,i}\leqslant S_{r,i}-S_{r,i-1}-d_{i-1}\leqslant b_{r,i},\ \text{其中}\ 1\leqslant r, u\leqslant R\ \text{且}\ r\neq u,\ \text{若}\ c_i=u,\ 1\leqslant i\leqslant N \tag{6-2}$$

$$a_{r,i}\leqslant S_{r,i}-S_{r,i-1}-d_{i-1}\leqslant b_{r,i},\ \text{其中}\ 1\leqslant r\leqslant R,\ \text{若}\ c_i=0,\ 1\leqslant i\leqslant N \tag{6-3}$$

6.3.2 机器人搬运能力约束建模

该约束要求机器人不能同时执行两个搬运作业。如图 6-1 所示，对于任意两个搬运作业[r, i]和[u, j]，在实际过程中有两种情况出现，要么搬运作业[r, i]先于搬运作业[u, j]，要么搬运作业[r, i]晚于搬运作业[u, j]。因此从以下两种情况考虑：

（1）若搬运作业[r, i]先于搬运作业[u, j]。根据定义，机器人在 $S_{r,i}$ 时刻开始将工件 r 从工作站 W_i 上卸载，并在 $S_{r,i}+d_i$ 时刻将该工件搬运并装载到工作站 W_{i+1} 上，然后机器人必须要在搬运作业[u, j]开始前从工作站 W_{i+1} 空驶到工作站 W_j 以便执行搬运作业[u, j]，则此种情况下机器人搬运能力约束可表示为：$S_{r,i}+d_i+\delta_{i+1,j}\leqslant S_{u,j}$, $\forall\ 1\leqslant r, u\leqslant R, 0\leqslant i\leqslant N, 0\leqslant j\leqslant N$, [$r$, i]≠[u, j]。

（2）若搬运作业$[u, j]$先于搬运作业$[r, i]$。机器人同样要在完成搬运作业$[u, j]$后，在搬运作业$[r, i]$开始前从工作站 W_{j+1} 空驶到工作站 W_i 以便执行搬运作业$[r, i]$，此种情况下机器人搬运能力约束可表示为：$S_{u, j}+d_j+\delta_{j+1, i} \leqslant S_{r, i}, \forall\ 1 \leqslant r, u \leqslant R, 0 \leqslant i \leqslant N, 0 \leqslant j \leqslant N, [r, i] \neq [u, j]$。

综上所述，为了避免机器人执行搬运作业时发生冲突，由同一个机器人执行的搬运作业间必须有足够的时间间隔。因此，机器人搬运能力约束可以表示为

$$S_{r, i}+d_i+\delta_{i+1, j} \leqslant S_{u, j}, 1 \leqslant r, u \leqslant R, 0 \leqslant i, j \leqslant N, \text{且}[r, i] \neq [u, j] \tag{6-4}$$

式（6-4）保证了空载机器人有足够的时间在任意两个连续的搬运作业之间有效运转。

此外，不失一般地，假定搬运作业$[1,0]$为生产周期内机器人的第一个搬运作业，则可知搬运作业$[1,0]$先于本周期内的所有其他任意搬运作业$[r, i]$，其中$[r, i] \neq [1, 0]$且 $S_{1,0}=0$，则有以下关系式：

$$S_{r, i} \geqslant d_0+\delta_{1, i}, \text{其中 } 1 \leqslant r \leqslant R, 0 \leqslant i \leqslant N, \text{且}[r, i] \neq [1, 0] \tag{6-5}$$

同时，机器人在完成周期内的最后一个搬运作业$[r, i]$后，必须要有足够的时间空驶到装载站 W_0，并在时刻 T 开始执行下一周期的第一个搬运作业$[1,0]$。自动化制造单元通常是以循环方式运作，因此每个工件进入制造单元的时间间隔均为 T。综上分析，则有以下关系式：

$$S_{r, i}+d_i+\delta_{i+1, 0} \leqslant T, \text{其中 } 1 \leqslant r \leqslant R, 0 \leqslant i \leqslant N \tag{6-6}$$

6.3.3　工作站加工能力约束建模

该约束是指在任意时间内一个工作站只能处理一个工件。由于在一个调度周期里，都有 R 个不同类型工件在每一个工作站加工。因此，必须保证在一个工件进入某工作站之前，机器人必须把该工作站中的工件搬走。与此同时，因为装载和卸载活动也都是由机器人操作的，所以为满足工作站能力约束，一个装载至工作站 k 的装载活动必须发生在任意两个可执行的从工作站 k 卸载的卸载活动之间，这是因为机器人不可能卸载一个空的工作站。同样，一个从工作站 k 卸载的卸载活动必须发生在任意两个可执行的装载至工作站 k 的装载活动之间，这是因为机器人不可能装载一个不空的工作站。综上所述，必须有效调度机器人搬运作业，以保证工作站能力约束。

为了便于约束分析与建模，定义以下变量：

$p(i)$：对于给定一个周期工件初始分布 C_N，我们把在工作站 M_i 左侧一边，最靠近工作站 M_i 且有初始工件存在的工作站上的工件称为工作站 M_i 的**左工件**，简述之，就是设 $p(i)$代表工作站 M_i 的左工件编号。按照上述定义，不难得出 $p(i) = c_j$，其中 $j = \max k\ \{k <$

i 且 $c_k \neq 0$}，以下给出例子来对 $p(i)$做简要解释。

例如，某一工件初始完整分布 C_N={1,0,0,0,2,0,0,3,0,0}。从中可以得知，c_6=0，即周期开始时刻工作站 6 没有工件在处理，而在其左侧最靠近它且被工件占有的就是工作站 4，由于 c_4=2，因此，根据定义就可以得出 $p(6)$=2。

不难理解，如果任意两个工件使用工作站 k 不发生冲突（即不同时使用工作站 k），则 MPS 中所有工件在使用工作站 k 时都不会发生冲突。因为 MPS 中所有工件是按照一定的加工顺序依次访问每个工作站的，所以对于任意工件 $m(r)$和工作站 k，为避免工作站使用冲突，需考虑以下情况：

（1）若在周期开始时刻工作站 k 空闲（如图 6-1 所示工作站 1），若存在 $m(r)=p(k)$，由以上分析可知，则有工件 $m(r)$，工件 $m(r+1)$，…，工件 $m(R)$，工件 $m(1)$，…，工件 $m(r-1)$ 依次被装载至工作站 k 上进行处理，因此有关系式 $S_{m(r),k-1}<S_{m(r),k}<S_{m(r+1),k-1}<S_{m(r+1),k}<\cdots<S_{m(R),k}<S_{m(1),k}<\cdots<S_{m(r-1),k}$成立。

综上分析，结合机器人搬运能力约束，则下关系式成立：

$$S_{m(r),i}+d_i+\delta_{i+1,i-1}\leqslant S_{m(r+1),i-1}，若 c_i=0，其中 1\leqslant r\leqslant R, m(r+1)\neq p(i), 1\leqslant i\leqslant N \quad (6\text{-}7)$$

（2）若在周期开始时刻工作站 k 正在处理工件 $m(r)$（如图 6-2 所示工作站 3），这表明工件 $m(r)$是在上一个周期进入装载至该工作站上的，综上可知，在本周期内会有工件 $m(r+1)$，…，工件 $m(R)$，工件 $m(1)$，…，工件 $m(r)$依次被装载至工作站 k 上进行处理，则有关系式 $S_{m(r),k}<S_{m(r+1),k-1}<S_{m(r+1),k}<\cdots<S_{m(R),k}<S_{m(1),k}<\cdots<S_{m(r),k-1}$ 成立。

综上分析，结合机器人搬运能力约束，则下式成立：

$$S_{m(r),i}+d_i+\delta_{i+1,i-1}\leqslant S_{m(r+1),i-1}，若 c_i=m(r)，其中 1\leqslant r\leqslant R, 1\leqslant i\leqslant N \quad (6\text{-}8)$$

6.4 数学模型

在第 6.3 节对柔性加工时间约束、机器人搬运能力约束和工作站加工能力约束的深入分析的基础上，柔性加工时间自动化混流制造单元流水车间周期调度问题的数学模型可表示如下：

$$P：\text{Minimize } T$$

s.t.

$$a_{u,i}\leqslant T+S_{u,i}-S_{u,i-1}-d_{i-1}\leqslant b_{u,i}，若 c_i=u, 1\leqslant i\leqslant N \quad (6\text{-}1)$$

且

$$a_{r,i}\leqslant S_{r,i}-S_{r,i-1}-d_{i-1}\leqslant b_{r,i}，其中\ 1\leqslant r, u\leqslant R\ 且\ r\neq u，若\ c_i=u, 1\leqslant i\leqslant N \quad (6\text{-}2)$$

$$a_{r,i}\leqslant S_{r,i}-S_{r,i-1}-d_{i-1}\leqslant b_{r,i}，其中\ 1\leqslant r\leqslant R，若\ c_i=0, 1\leqslant i\leqslant N \quad (6\text{-}3)$$

$$S_{r,i}+d_i+\delta_{i+1,j}\leqslant S_{u,j}, 1\leqslant r, u\leqslant R, 0\leqslant i, j\leqslant N，且\ [r,i]\neq[u,j] \quad (6\text{-}4)$$

$$S_{r,i}\geqslant d_0+\delta_{1,i}，其中\ 1\leqslant r\leqslant R, 0\leqslant i\leqslant N，且[r,i]\neq[1,0] \quad (6\text{-}5)$$

$$S_{r,i}+d_i+\delta_{i+1,0}\leqslant T，其中\ 1\leqslant r\leqslant R, 0\leqslant i\leqslant N \quad (6\text{-}6)$$

$$S_{m(r),i}+d_i+\delta_{i+1,i-1}\leqslant S_{m(r+1),i-1}，若\ c_i=0，其中\ 1\leqslant r\leqslant R, m(r+1)\neq p(i), 1\leqslant i\leqslant N \quad (6\text{-}7)$$

$$S_{m(r),i}+d_i+\delta_{i+1,i-1}\leqslant S_{m(r+1),i-1}，若\ c_i=m(r)，其中\ 1\leqslant r\leqslant R, 1\leqslant i\leqslant N \quad (6\text{-}8)$$

该数学模型的目标函数是最小化周期时间 T 值，其中，式（6-1）～式（6-3）为柔性加工时间约束；式（6-4）～式（6-6）为机器人能力约束；式（6-7）～式（6-8）为工作站能力约束。

6.5　性质分析

在第 6.4 节的基础上，利用部分关系式推导出在周期开始时刻自动化制造单元上在制品的最大个数，其将在下一部分开发的分支定界算法求解问题最优解的过程中，用于剔除问题解中的无效解，以降低问题可行解的搜索空间，从而快速而有效地搜索到问题的最优解（假定最优解存在），从而提高算法的整体运行效率。

为了性质分析的需要，首先将周期时刻自动化制造单元上正在处理的工件个数记为 K。结合第 6.2.2 小节中 c_i 的定义，在此定义 Z_i 表示在周期开始时间工作站 i 是否有在制品，令 $Z_i=\begin{cases}1, & 若\ c_i\neq 0\\ 0, & 若\ c_i=0\end{cases}$，其中 $1\leqslant i\leqslant N$，则有 $K=\sum_{i=0}^{N}Z_i=\sum_{i=1}^{N}Z_i+1$。为了便于数学分析，定义以下中间变量：

$t_{r,i}$：工件 i 在工作站 W_i 上的实际加工时间，需满足：

$$a_{r,i}\leqslant t_{r,i}\leqslant b_{r,i}, 1\leqslant i\leqslant N, 1\leqslant r\leqslant R \quad (6\text{-}9)$$

根据式（6-1）～式（6-3），并结合参数 Z_i，可将工件 r 在工作站 W_i 上的实际加工时间表示为下式：

$$t_{r,i}=S_{r,i}+Z_iT-S_{r,i-1}-d_{i-1}, r=1,2,\cdots,R, i=1,2,\cdots,N \quad (6\text{-}10)$$

由式（6-10）可得式（6-11）：

$$\sum_{r=1}^{R}\sum_{i=1}^{N}t_{r,i}=\sum_{r=1}^{R}(S_{r,N}-S_{r,0})+\sum_{i=1}^{N}Z_i\times T-R\times\sum_{i=0}^{N-1}d_i \tag{6-11}$$

为便于分析，在此定义f_r为$\{a_{2,N}+d_{N-1}+d_N+\delta_{N-1,N+1},\cdots,a_{R-1,N}+d_{N-1}+d_N+\delta_{N-1,N+1},a_{R,N}+d_{N-1}+d_N+\delta_{N-1,N+1}\}$中第$r$个最小的值，$1\leqslant r\leqslant R-1$。即$f_1$取其中的最小值，$f_2$取其中的次小值，依此类推可知。

在此，结合上述f_r的定义，由一个生产周期内R个不同类型的工件在工作站N上的先后加工关系以及式（6-6）可推出以下各式：

$$S_{m(R),N}\leqslant T-(d_N+\delta_{N+1,0})$$

$$S_{m(R-1),N}\leqslant S_{m(R),N}-f_1$$

$$\vdots$$

$$S_{m(1),N}\leqslant S_{m(2),N}-f_{R-1}$$

由以上可得以下各式：

$$S_{m(R),N}\leqslant T-(d_N+\delta_{N+1,0})$$

$$S_{m(R-1),N}\leqslant T-(d_N+\delta_{N+1,0})-f_1$$

$$\vdots$$

$$S_{m(1),N}\leqslant T-(d_N+\delta_{N+1,0})-(f_1+f_2+\cdots+f_{R-1})$$

将上述关系式求和可得式（6-12）：

$$\sum_{r=1}^{R}S_{r,N}=\sum_{r=1}^{N}S_{m(r),N}\leqslant R\times[T-(d_N+\delta_{N+1,0})]-\sum_{r=1}^{R-1}(R-r)\times f_r\equiv R\times T-\alpha \tag{6-12}$$

为便于以下分析，在此定义$h_u=a_{u,1}+d_1+d_0+\delta_{2,0}$，$1\leqslant u\leqslant R$。同时定义：对于$1\leqslant r\leqslant R-1$，$f_r'$取$\{h_2,\cdots,h_{R-1},h_R\}$中的第$r$个最小值，即$f_1'$取其中的最小值，$f_2'$取其中的次小值，依此类推。

结合上述定义，由一个生产周期内R个不同类型的工件在工作站1上的先后加工关系可得以下各式：

$$S_{m(2),0}\geqslant S_{m(1),0}+h_1$$

$$S_{m(3),0}\geqslant S_{m(2),0}+f_1'$$

$$\vdots$$

$$S_{m(R),0}\geqslant S_{m(R-1),0}+f_{R-2}'$$

由以上可得以下各式：

$$S_{m(2),0}\geqslant h_1$$

$$S_{m(3),0}\geqslant h_1+f_1'$$

$$\vdots$$

$$S_{m(R),0} \geqslant h_1 + f_1' + \cdots + f_{R-2}'$$

将以上各式求和可得式（6-13）：

$$\sum_{r=1}^{R} S_{r,0} = \sum_{r=1}^{R} S_{m(r),0} \geqslant (R-1) \times h_1 + \sum_{r=1}^{R-2} (R-r-1) \times f_r' \equiv \beta \tag{6-13}$$

综上分析，由式（6-11）～式（6-13）可得式（6-14）：

$$(K+R-1) \times T \geqslant \sum_{r=1}^{R} \sum_{i=1}^{N} t_{r,i} + R \times \sum_{i=0}^{N-1} d_i + \alpha + \beta \tag{6-14}$$

接下来，由一个生产周期内 R 个不同类型的工件在工作站 N 上的先后加工关系以及式（6-5）可推出以下各式：

$$S_{m(1),N} \geqslant d_0 + \delta_{1,N}$$

$$S_{m(2),N} \geqslant S_{m(1),N} + f_1$$

$$\vdots$$

$$S_{m(R),N} \geqslant S_{m(R-1),N} + f_{R-1}$$

由以上可得以下各式：

$$S_{m(1),N} \geqslant d_0 + \delta_{1,N}$$

$$S_{m(2),N} \geqslant d_0 + \delta_{1,N} + f_1$$

$$\vdots$$

$$S_{m(R),N} \geqslant d_0 + \delta_{1,N} + f_1 + \cdots + f_{R-1}$$

将以上关系式求和可得式（6-15）：

$$\sum_{r=1}^{N} S_{r,N} = \sum_{r=1}^{N} S_{m(r),N} \geqslant R \times (d_0 + \delta_{1,N}) + \sum_{r=1}^{R-1} (R-r) \times f_r \equiv \gamma \tag{6-15}$$

同样，由一个生产周期内 R 个不同类型的工件在工作站 1 上的先后加工关系以及式（6-6）可推出以下各式：

$$S_{m(R),0} \leqslant T - (d_0 + \delta_{1,0})$$

$$S_{m(R-1),0} \leqslant S_{m(R),0} - f_1'$$

$$\vdots$$

$$S_{m(2),0} \leqslant S_{m(3),0} - f_{R-2}'$$

$$S_{m(1),0} \leqslant S_{m(2),0} - h_1$$

由以上可得以下各式：

$$S_{m(R),0} \leqslant T - (d_0 + \delta_{1,0})$$

$$S_{m(R-1),0} \leqslant T-(d_0+\delta_{1,0})-f_1'$$
$$S_{m(R-2),0} \leqslant T-(d_0+\delta_{1,0})-f_1'-f_2'$$
$$\vdots$$
$$S_{m(1),0} \leqslant T-(d_0+\delta_{1,0})-(f_1'+f_2'+\cdots+f_{R-2}')$$
$$S_{m(1),0} \leqslant T-(d_0+\delta_{1,0})-(h_1+f_1'+f_2'+\cdots+f_{R-2}')$$

将以上各式求和可得式（6-16）：

$$\sum_{r=1}^{R} S_{r,0}=\sum_{r=1}^{R} S_{m(r),0} \leqslant R\times(T-d_0-\delta_{1,0})-h_1-\sum_{r=1}^{R-2}(R-r)\times f_r' \equiv R\times T-\eta \qquad (6\text{-}16)$$

综上分析，由式（6-11）、式（6-15）以及式（6-16）可得式（6-17）：

$$(K-R-1)\times T \leqslant \sum_{r=1}^{R}\sum_{i=1}^{N} t_{r,i}+R\times\sum_{i=0}^{N-1} d_i-\gamma-\eta \qquad (6\text{-}17)$$

对于任意的 $1\leqslant i\leqslant N$，由于在一个生产周期内，R 个不同类型的工件都会在工作站 i 上进行加工，结合上述定义，有以下关系式：

$$T \geqslant \sum_{r=1}^{R}(t_{r,i}+d_i+\delta_{i+1,i-1}+d_{i-1}),\ \forall 1\leqslant i\leqslant N \qquad (6\text{-}18)$$

在此将 K 的最大值记为 $K_{\max}$，根据 K 的定义可知其取值范围为 $1\sim N$。在式（6-9）、式（6-14）、式（6-17）和式（6-18）中，（$T,t_{1,1},t_{1,2},\cdots,t_{R,N}$）属于决策变量，取值未知。由于 K 的任何可行解必须满足以上四个关系式，因此，假设对于一个给定的 K 值，记为 k，如果至少存在一组（$T,t_{1,1},t_{1,2},\cdots,t_{R,N}$）的取值能够满足上述四个关系式，则认为该 k 值可行，否则，为不可行。基于上分析可知，若依次将 K 赋值为 $N, N-1,\cdots,1$，并分别用于求解上述四个关系式，则在求解过程中，对于最先获得的且可行的 k 值，即为 $K_{\max}$ 的值。

对于判断给定 K 值是否可行这一问题，我们将以上四个关系式通过变量转换后写成有向弧的表示形式，即 $D_{h(e)}-D_{t(e)} \geqslant l(e)-w(e)T$，其中 $h_{(e)}, t_{(e)}$分别表示有向弧的前节点和后节点，$l(e)$, $w(e)$分别表示有向弧的长度和权重，这样就将判断给定 K 值是否可行的问题转变为判断最优生产周期 T 值是否存在的问题。最后，我们将判断最优生产周期 T 值是否存在的问题转化为有向图中的最长路径问题，并使用基于图论的多项式算法来求解。若有向图中存在正回路，则问题无解；反之，则有解[12]。

6.6 分支定界算法

在上述工作的基础上，本章设计了一个特定的分支定界算法来求解第 6.4 节所建立的数学模型，以获取研究问题的最优周期调度方案。本节提出的分支定界算法由三个嵌套的分支定界树组成，分别称为分支定界树 A、树 B 和树 C。

分支定界树 A 负责隐枚举一个周期内所有可能的初始工件分布 $C_N=\{c_0,c_1,\cdots,c_{N-1},c_N\}$。由前所述，由于自动化制造单元采用循环生产模式且一个周期内每种类型的工件只有一个进入和离开制造单元，因此我们从 C_N 中可得知工件的加工顺序。例如，对于 N=8, R=5 的此类调度问题，假设 C_8= (1, 0, 0, 2, 0, 0, 3, 0, 0)，则由其仅可知其中三种工件的加工顺序为：工件 1→工件 3→工件 2，而并不知道工件 4 和工件 5 相互之间的加工顺序；假设 C_8= (1, 0, 0, 2, 0, 5, 3, 0, 4)，则由其可知所有 5 个工件的加工顺序为：工件 1→工件 4→工件 3→工件 5→工件 2。

综上分析，我们给出以下规则：若从树 A 生成的初始工件分布(C_N)可得知所有工件的加工顺序，则直接激活分支定界树 C；反之，则激活分支定界树 B 并且接着树 A 的枚举工作继续枚举剩余工件的加工顺序。当树 B 枚举完剩余工件的加工顺序后，再激活分支定界树 C。

在此，不难理解，树 A 和树 B 实质上都是在枚举工件的加工顺序，设计它们的目的是首先删除不可能的初始工件分布和确保所有工件的加工顺序已知。其次是在树 A 或树 B 枚举完所有工件的加工顺序之后，再由分支定界树 C 负责隐枚举保存下来的可能的初始工件分布和可能的所有工件的加工顺序所对应的机器人搬运作业顺序，这样做可以缩小搜索空间和节省搜索时间。

6.6.1　分支定界树 A

1. 分支定界树 A 的分支

在第 6.2.2 小节里，我们定义了周期初始工件完整分布：$C_N=\{c_0,c_1,\cdots,c_{N-1},c_N\}$。对于任意一个 $k\leqslant N$，令 $C_k=\{c_0,c_1,\cdots,c_k\}$为一个**初始工件偏分布**。分支定界树 A 即是负责枚举一个周期中所有可能的初始工件分布。

图 6-2 给出了所研究调度问题（假设 R=4, N=12）的分支定界树 A 的结构。在枚举树 A 中，第 0 层的节点表示工作站 0（即装载站），第 1 层表示工作站 1……依此类推，第 11 层的节点就表示工作站 11。其中，第 i 层中标记为 0 的节点表示该工作站在周期开始时间为空闲状态，即 c_i=0，而标记为数字 $r(r>0)$的节点则表示周期开始时刻存在工件 r 在工作站 W_i 上加工，即 $c_i=r$，其中 $1\leqslant r\leqslant R$。枚举树 A 每个节点将根据其父节点以上（包

括父节点）的工件偏分布状况来决定其分支个数，以下给出枚举树 A 的具体分支规则和标记规则：

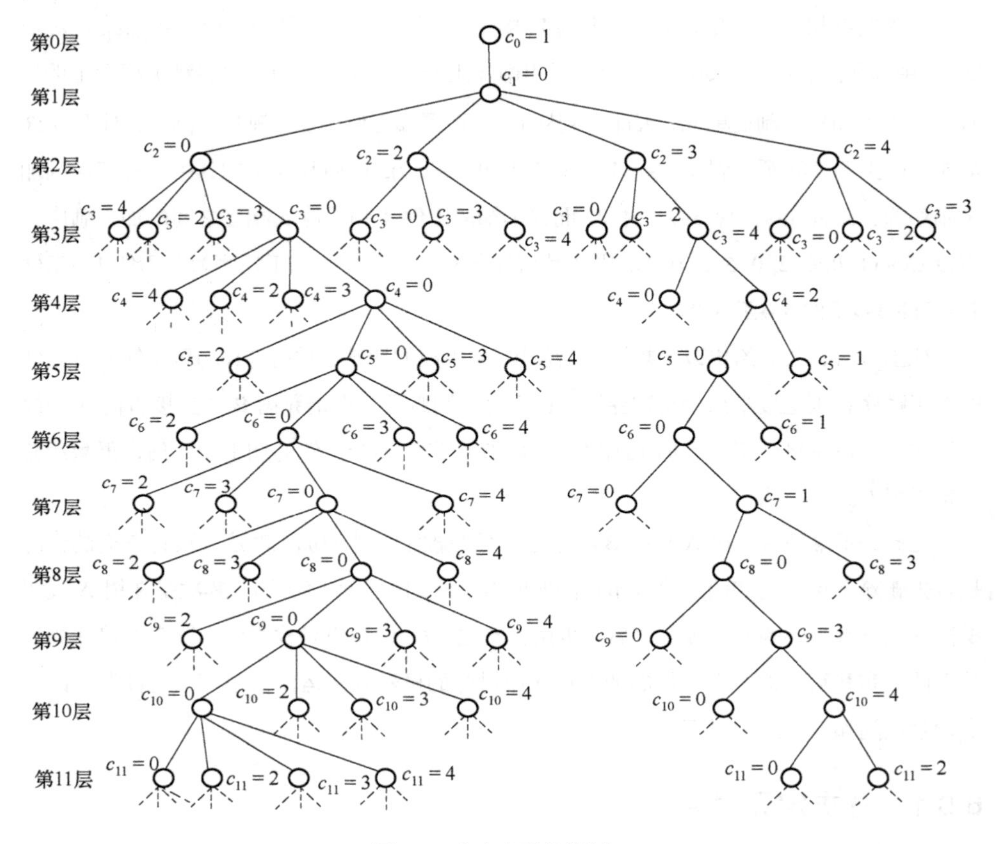

图 6-2　分支定界枚举树 A

（1）对于第 0 层的节点（称之为根节点），由前可知，c_0 恒为 1；由搬运作业[1, 0]为一个周期的第一个搬运作业和工作站能力约束可推出 $c_1 = 0$ 恒成立。因此，枚举树 A 的第一层中只有 1 个节点。

（2）首先，计算第 k 层节点 c_k 的分支个数（记为 Num），然后标记其子节点为 c_{k+1}，其中 $1 \leqslant k \leqslant N$。首先，根据从根节点开始到该节点的初始工件偏分布状况 $C_k=\{c_0, c_1, \cdots, c_k\}$，计算 C_k 中 c_k 取值不为 0 的个数，记为 D；接下来，考虑：

1）若 $D < R-1$，则 $Num=R-D+1$，由此可得知该节点共有 $R-D+1$ 个子节点且 $Num>2$，在此，首先将其中任意一个子节点标记为 $c_{k+1} = 0$，而剩下的 $Num-1$ 个子节点中任意一个标记为 $c_{k+1} = r$ 的节点，r 必须满足以下条件：$1 \leqslant r \leqslant R$, $r \notin C_k$，且 $r \neq$ 其他 $Num-2$ 个任意子

节点的标记值。

2）若 $R-1 \leqslant D<K_{\max}$，则 $Num=2$，由此可知该节点共有 2 个子节点。同理，首先将其中一个子节点标记为 $c_{k+1}=0$，然后将另一个子节点标记为 $c_{k+1}=r$，其中 r 的取值分两种情况考虑：若 $D=R-1$，则 r 的取值范围为 $1 \leqslant r \leqslant R$ 且 $r \notin C_k$；若 $D>R-1$，则 R 个不同类型工件的加工顺序已全知，如前所述，$m(1) \sim m(R)$代表了工件加工顺序，因此，我们从 c_k, $c_{k-1}, \cdots, c_0$ 中依次找出第一个取值不为 0 的数，其必等于 $m(1) \sim m(R)$中某一个 $m(i)$的取值，$1 \leqslant i \leqslant R$，所以有：当 $i=R$ 时，$r=1$；当 $i \neq R$ 时，$r=m(i+1)$。

3）若 $D=K_{\max}$，则对于所有 $k<i \leqslant N$，只要令 $c_i=0$ 便可知此分支下的初始完整工件分布情况 C_N，因此，该节点也不再产生其他分支。

枚举树 A 依据上述分支标记规则生长直至所有工作站上的初始工件分布（即 C_N）都确定后才停止生长。

依据上述分支标记法则，可知枚举树 A 的第 k 层上中每一个节点都对应着一个从根节点到该节点的初始工件偏分布 C_k。例如，图 6-2 中标记为 $c_{11}=4$ 的节点对应的初始工件偏分布为 $C_{11}=(1, 0, 0, 0, 0, 0, 0, 0, 0, 0, 0, 4)$。

2. 分支定界树 A 的定界

对于一个给定的初始工件偏分布 $C_k=\{c_0, c_1, \cdots, c_k\}$，为了建模需要，在此定义 C_k 中已知加工顺序的工件集合为Ω，并将已知加工顺序的工件的个数记为 d。根据前面的定义，可知$\Omega=\{m(r) \mid 1 \leqslant r \leqslant d\}$。在此，可通过求解松弛问题 P_{C_k} 获得生产周期 T 的下界值 T_L，其中松弛问题 P_{C_k} 是由问题 P 松弛掉式（6-4）和取式（6-1）~式（6-3）、式（6-5）~式（6-8）的部分约束转化而来的，枚举树 A 中每一个节点都对应着这样一个松弛问题。该松弛的线性规划问题可表示如下：

$$P_{C_k}: \text{ Minimize } T$$

s.t.

$$a_{u,i} \leqslant T+S_{u,i}-S_{u,i-1}-d_{i-1} \leqslant b_{u,i}, \text{ 若 } c_i=u, u \in \Omega, \ 1 \leqslant i \leqslant k \quad (6\text{-}19)$$

且

$$a_{r,i} \leqslant S_{r,i}-S_{r,i-1}-d_{i-1} \leqslant b_{r,i}, \text{ 若 } c_i=u, \text{ 其中 } r \in \Omega \text{ 且 } r \neq u, 1 \leqslant i \leqslant k \quad (6\text{-}20)$$

$$a_{r,i} \leqslant S_{r,i}-S_{r,i-1}-d_{i-1} \leqslant b_{r,i}, \text{ 若 } c_i=0, \text{ 其中 } r \in \Omega, 1 \leqslant i \leqslant k \quad (6\text{-}21)$$

$$S_{r,i} \geqslant d_0+\delta_{1,i}, \text{ 其中 } r \in \Omega, 0 \leqslant i \leqslant k, \text{ 且}[r, i] \neq [1,0] \quad (6\text{-}22)$$

$$S_{r,i}+d_i+\delta_{i+1,0} \leqslant T, \text{ 其中 } r \in \Omega, 0 \leqslant i \leqslant k \quad (6\text{-}23)$$

$$S_{m(r),i}+d_i+\delta_{i+1,i-1}\leqslant S_{m(r+1),i-1},\ 若\ c_i=0,\ 其中\{m(r),m(r+1)\}\in\Omega \\ 且\ m(r+1)\neq p(i),\ 1\leqslant i\leqslant k \tag{6-24}$$

$$S_{m(r),i}+d_i+\delta_{i+1,i-1}\leqslant S_{m(r+1),i-1},若\ c_i=m(r),其中\{m(r),\ m(r+1)\}\in\Omega,\ 1\leqslant i\leqslant k \tag{6-25}$$

如果问题 P_{C_k} 无解或者有解但此解大于一个已知的上界值，那么该问题对应的节点则应被删除掉。否则，问题 P_{C_k} 所得的最优解的值即是周期时间 T 的一个下界值。

为便于以下分析，在此假定 N=11，在图 6-2 中，可以看出标记为 $c_{11}=2$ 的节点对应的完整初始工件分布有两种，其分别为 $C_{11}=(1,0,3,4,2,0,0,1,0,3,4,2)$和 $C'_{11}=(1,0,0,0,0,0,0,0,0,0,0,2)$。我们由初始工件分布 C_{11} 可以得知此分布情况下所有（如前所定义 R=4）工件的装载顺序依次为工件 1、工件 2、工件 4、工件 3, $\Omega=\{1,2,4,3\}$；而由完整初始工件分布 C'_{11} 中仅可得知工件 1 和工件 2 之间的加工顺序，即$\Omega=\{1,2\}$，并不能确定工件 3 和 4 的加工顺序。

综上分析，当 $k=N$ 时，需考虑以下两种情况：

（1）若枚举树 A 形成一个完整的初始工件分布 C_N，且从中可知所有工件的加工顺序。此时，如果问题 $P_C(C=C_N)$的可行解满足式（6-4）中的所有松弛约束，那么该可行解即是这一给定的初始工件分布 C_N 所对应的最优周期调度。如果问题 P_C 的可行解不完全满足式（6-4）中的松弛约束，则激活分支定界树 C。

（2）若从枚举树 A 形成的一个完整的初始工件分布 C_N 中不能获知所有工件的加工顺序，则激活分支定界树 B。分支定界树 B 将接着枚举剩余工件的加工顺序，并在枚举完剩余工件的加工顺序后，如果问题 P_C 的可行解满足式（6-4）中的所有松弛约束，那么该可行解即是这一给定的初始工件分布 C_N 所对应的最优周期调度。如果问题 P_C 的可行解不完全满足式（6-4）中的松弛约束，则分支定界树 C 被激活。

6.6.2 分支定界树 B

如上一小节所述，由于从分支定界树 A 形成的某些初始工件完整分布 C_N 中仅可知部分工件的加工顺序，所以，需要激活分支定界树 B，接着分支定界树 A 的工作继续枚举剩余工件的加工顺序。

1. 分支定界树 B 的分支

在图 6-2 的基础上，图 6-3 给出了枚举树 B 的结构，其中假定 R=4, N=11, $C_{11}=(1,0,0,0,0,0,0,0,0,0,0,0)$。与图 6-2 不同的是，枚举树 B 中每一层的节点不再代表工作站，而是代表工件编号。为了便于叙述，在此定义 $Q_k=\{q_1,q_2,\cdots,q_k\}$，其中 q_k 表示第 k 个工件的编号，在此，Q_k 可以看作是已经确定加工顺序的工件的集合。下面给出枚举树 B 的分支规则和标记规则。

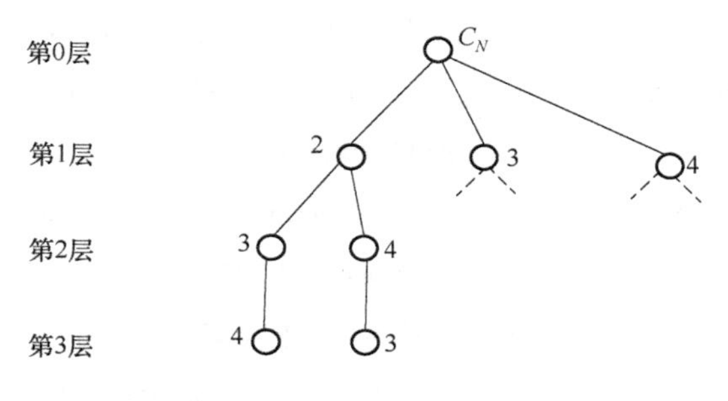

图 6-3　分支定界枚举树 B

（1）第 0 层的节点，即根节点，其可以看作是枚举树 A 的一个叶节点，于是就可以得知从枚举树 A 的根节点到该叶节点的一个初始完整工件分布 C_N，如前所述，我们计算了 C_N 中大于 0 的数的个数并记为 m，因此枚举树 B 的根节点的分支个数 $Num=R-m$。由此可以推算出，枚举树 B 总共有 $R-m+1$ 层。

（2）计算第 k 层中标记为 q_k 的节点的分支个数 Num 和标记其子节点 q_{k+1}，其中 $k>0$；首先，通过计算 Q_k 中不为 0 的数的个数并记为 n，便可得出该节点的子节点个数 $Num=R-m-n$。在此，每个 q_{k+1} 的取值必须满足以下条件：$1\leqslant q_k\leqslant R$，且 $q_k\notin\{C_N\cup Q_k\}$ 以及不等于任意一个兄弟节点的标记值。

2．分支定界树 B 的定界

对于一个给定的初始工件完整分布 $C_N=\{c_0,c_1,\cdots,c_N\}$，根据前面的定义，可知 $\Omega=\{m(r)\mid 1\leqslant r\leqslant D\}$。如前所述，对于一个给定的 $Q_k=\{q_1,q_2,\cdots,q_k\}$，其生产周期 T 的一个下界值 T_L 可通过对松弛问题 $P_{(C\cup Q)}$（$C=C_N,Q=Q_k$）求解获得，由于枚举树 B 实质上是枚举树 A 作用的延续，因此，其松弛问题 $P_{(C\cup Q)}$ 是由松弛问题 P_{C_N} 的约束转化而来的，枚举树 B 中每一个节点都对应着这样一个的松弛问题。该松弛的线性规划问题表示如下：

$$P_{(C\cup Q)}\text{: Minimize } T$$

s.t.

$$a_{u,i}\leqslant T+S_{u,i}-S_{u,i-1}-d_{i-1}\leqslant b_{u,i},\ 若\ c_i=u,\ u\in\Omega\cup Q_k,\ 1\leqslant i\leqslant N \tag{6-26}$$

且

$$a_{r,i}\leqslant S_{r,i}-S_{r,i-1}-d_{i-1}\leqslant b_{r,i},\ 若\ c_i=u,\ 其中\ r\in\Omega\cup Q_k 且\ r\neq u,\ 1\leqslant i\leqslant N \tag{6-27}$$

$$a_{r,i}\leqslant S_{r,i}-S_{r,i-1}-d_{i-1}\leqslant b_{r,i},\ 若\ c_i=0,\ 其中\ r\in\Omega\cup Q_k,\ 1\leqslant i\leqslant N \tag{6-28}$$

$$S_{r,i}\geqslant d_0+\delta_{1,i},\ 其中\ r\in\Omega\cup Q_k,\ 0\leqslant i\leqslant N, 且[r,i]\neq[1,0] \tag{6-29}$$

$$S_{r,i}+d_i+\delta_{i+1,0}\leqslant T,\ 其中\ r\in\Omega\cup Q_k,\ 0\leqslant i\leqslant N \tag{6-30}$$

$$S_{m(r),i}+d_i+\delta_{i+1,i-1}\leqslant S_{m(r+1),i-1},\ 若\ c_i=0,\ 其中\{m(r),\ m(r+1)\}\in\Omega\cup Q_k\ 且\ m(r+1)\neq p(i),\ 1\leqslant i\leqslant N \tag{6-31}$$

$$S_{m(r),i}+d_i+\delta_{i+1,i-1}\leqslant S_{m(r+1),i-1},\ 若\ c_i=m(r),\ 其中\{m(r),\ m(r+1)\}\in\Omega\cup Q_k,\ m(R+1)=m(1), 1\leqslant i\leqslant N \tag{6-32}$$

如果问题 $P_{(C\cup Q)}$ ($C=C_N, Q=Q_k$)无解或者有解但此解大于一个已知的上界值，那么就删除掉该问题所对应的节点。否则，问题 $P_{(C\cup Q)}$所得的最优解便是生产周期 T 的一个下界值。

如前所述，对于给定的 C_N，可知枚举树 B 最多共有 $R-m$ 层。因此，当 $k=R-m$ 时，表示树 A 和树 B 已经枚举完所有工件的加工顺序，此时，如果问题 $P_{(C\cup Q)}$ ($C=C_N, Q=Q_{R-m}$)的可行解满足式（6-4）中的所有松弛约束，那么该可行解即是这一给定的初始工件分布 C_N所对应的最优周期调度。如果问题 $P_{(C\cup Q)}$ ($C=C_N,\ Q=Q_{R-m}$)的可行解不完全满足式（6-4）中的松弛约束，则分支定界树 C 被激活。

6.6.3 分支定界树 C

如上所述，在分支定界树 A 或树 B 中松弛了机器人搬运能力约束关系式（6-4），分支定界树 C 则必须要考虑到机器人搬运能力约束关系式（6-4）。因此，给定一个初始工件分布 C_N或者 $C_N\cup Q_{R-m}$,分支定界树 C 负责枚举出相应的机器人搬运作业顺序。分支定界树 C 的根节点对应着分支定界树 A 第 N 层中的一个未删除的叶节点或分支定界树 B 第 $R-m$ 层中的一个未删除的叶节点。

1．分支定界树 C 的定界

如前所述，对于任意一对搬运作业$[r, i]$和$[u, j]$，若搬运作业$[r, i]$执行于搬运作业$[u, j]$之前，则有 $S_{r,i}\leqslant S_{u,j}$，在此我们将此种优先关系记为关系$([r, i], [u, j])$。同理，若有 $S_{u,j}\leqslant S_{r,i}$，我们便可将此种优先关系记为关系$([u, j], [r, i])$。

分支定界树 C 的每一个节点对应着一组任意两个机器人搬运作业之间的偏优先关系，我们把这组优先关系记作 O。对于分支定界树 C 根节点，必有 $O=\phi$。分支定界树 C

的每一个节点对应着部分机器人搬运能力约束关系式（6-4）。这些约束与优先关系 O 及问题 $P_C(C=C_N)$或问题 $P_{(C\cup Q)}\ (C=C_N,\ Q=Q_{R-m})$中的约束有关，因此，可通过求解下列线性规划问题便可得出节点 O 所对应的生产周期 T 的下界：

$$P_O\text{: Minimize } T$$

s.t.

$$S_{r,\,i}+d_i+\delta_{i+1,\,j}\leqslant S_{u,\,j}\text{，其中}([r,\,i],[u,\,j])\in O \tag{6-33}$$

且对于问题 $P_C(C=C_N)$的约束关系式（6-1）~式（6-8）或者对于问题 $P_{(C\cup Q)}\ (C=C_N,Q=Q_{R-m})$ 的约束关系式（6-26）~式（6-32）。

2．分支定界树 C 的分支

由以上可知，枚举树 C 是一个二叉树，其节点的分支与问题 $P_C(C=C_N)$或问题 $P_{(C\cup Q)}\ (C=C_N,Q=Q_{R-m})$有关。因此，关于以上问题的解，主要有以下三种情况：

情况 1：若问题 P_O 无解或有解但此解大于或等于已知的上界值，则给定的优先关系不能使任何问题得到最优解，因此，删除其所对应的节点。

情况 2：若问题 P_O 的解全部满足机器人搬运能力约束关系式（6-4），则便可得到一个关于给定的初始工件分布 C_N 的可行的周期调度方案。

情况 3：若问题 P_O 的解中存在一对关系$([r^*,i^*],[u^*,j^*])$违反约束关系式（6-4），即

$$s_{r^*,i^*}(O)+d_{i^*}+\delta_{i^*+1,j^*}\geqslant s_{u^*,j^*}(O)$$

$$s_{r^*,i^*}(O)\leqslant s_{u^*,j^*}(O)$$

因为分支定界树 C 中节点的分支由搬运作业$[r^*,\ i^*]$和$[u^*,\ j^*]$之间的两个优先关系$([r^*,\ i^*],[u^*,j^*])$和$([u^*,j^*],[r^*,\ i^*])$组成，所以应当对应地将优先关系$([r^*,\ i^*],[u^*,j^*])$或$([u^*,j^*],[r^*,\ i^*])$添加到关系集合 O 里，该过程如图 6-4 所示。

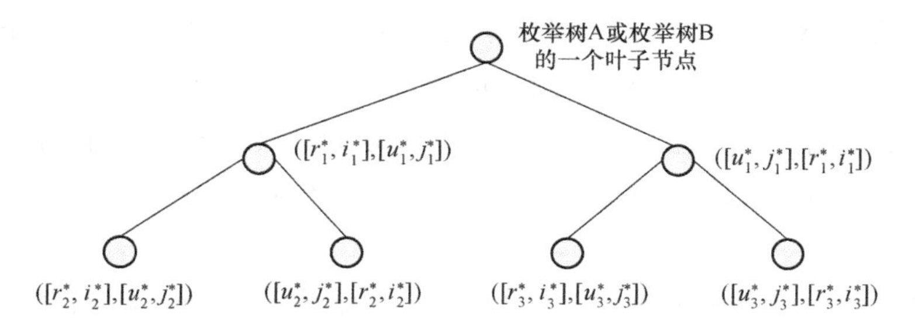

图 6-4　分支定界树 C

对于上述线性规划问题 $P_C(C=C_N)$，问题 $P_{(C\cup Q)}\ (C=C_N,Q=Q_{R-m})$以及问题 P_O，本章使

用与上一章相同的求解办法，将其每个线性规划问题的约束按照 Chen 等人[12]的相关叙述等价转换为有向图的形式。因此，问题 $P_C(C=C_N)$，问题 $P_{(C\cup Q)}$ $(C=C_N,Q=Q_{R-m})$以及问题 P_O 可转化为基于有向图的 T 值约束模型，这样就将求解柔性自动化混流制造单元流水车间生产周期 T 的问题转化成有向图中求解最长路径的问题，从而实现多项式可解。

6.7 算法步骤

综上所述，给出使用本章设计的分支定界算法求解所研究调度问题的具体步骤：

步骤 1：问题 P 的目标为最小化生产周期 T 值，设最优解的初始值 Z=∞；针对问题的特点，设计三个分支定界树，其分别为树 A、树 B 以及树 C。根据 C_k，$1\leqslant k\leqslant N$，确定枚举树 A 的分支和标记规则。如前所述可知，A 树第一层只有一个节点，且其下一层共生成 R 个子节点。

步骤 2：从 A 树尚未被搜索的节点（局部解）中选择一个节点，则在此节点的下一层根据相应分支规则生成新的子节点，并转至步骤 3；若 A 树节点都已被搜索，这表明问题求解完毕，整个算法结束。

步骤 3：计算每一个新分支出来的节点的下限值（Lower Bound，LB）。每一节点对应着一个问题 P_{C_k}，其中 $k\leqslant N$，若节点满足以下条件之一，则删除此节点：①节点所对应的问题 P_{C_k} 无解；②问题 P_{C_k} 有解但其值≥Z 值。若问题 P_{C_k} 有可行解，则需比较此可行解与 Z 值的大小，若前者较小，则更新 Z 值，并作为可行解的值。

步骤 4：当 $k<N$ 时，则重复进行步骤 2。当 $k=N$ 时：①若从 C_N 中可知所有工件的顺序已知则枚举树 A 停止生长，并得到问题 P_{C_N} 的可行解，若无可行解，则问题 P 无任何解。若此可行解满足式（6-4）中的所有松弛约束，则该可行解便是问题 P 的最优解；若此可行解不完全满足式（6-4）中的松弛约束，则枚举树 C 被激活，转到步骤 8；②若从 C_N 中仅知道部分工件的加工顺序，则激活枚举树 B，其根节点可以看作是枚举树 A 的一个叶子节点，通过 C_N 便可确定该根节点的分支个数($Num=R-m$)，并进行分支，转到步骤 5。

步骤 5：从 B 树尚未被搜索的节点（局部解）中选择一个节点。若节点选择不为空，确定其分支个数（$Num=R-m-n$），并在此节点的下一层生成子节点，转到步骤 6；若在 B 树中节点选择为空，转到步骤 2。

步骤 6：计算每一个新生成的子节点的下限值(LB)。在剩余工件加工顺序没有枚举完之前，每个节点上都对应着一个松弛问题，若节点满足以下条件之一，则删除该节点：①节点所对应的问题无解；②问题有解但其值大于等于 Z 值。若问题有可行解，则需比较此可行解与 Z 值的大小，若前者较小，则更新 Z 值，并以此作为可行解的值。

步骤 7：当 $h< R-m$ 时（即仍有部分工件的加工顺序未知），则重复进行步骤 5。当 $h= R-m$ 时，则枚举树 B 停止生长，并得到问题 $P_{(C\cup Q)}$ $(C= C_N,Q= Q_{R-m})$的可行解，若无可行解，则该问题无可行解。若此可行解满足式（6-4）中的所有松弛约束，那么该可行解即是问题 P 的最优解；若此可行解不完全满足式（6-4）中的松弛约束，则激活分支定界树 C，转到步骤 8。

步骤 8：分支定界树 C 根节点为分支定界树 A 或分支定界树 B 的一个叶子节点，使根节点分支成两个子节点$([r, i], [u, j])$和$([u, j], [r, i])$，其中 $([r,i],[u,j]),([u,j],[r,i])\in O$，并增添式（6-4）中的所有约束形成问题 P_O。若问题 P_O 无解或有解但其值大于等于 Z 值，该问题对应的节点应被删除；若问题 P_O 有可行解，此可行解即为问题 P 的最优解。

步骤 9：若问题 P_O 的解中仍有一对关系$([r^*, i^*], [u^*, j^*])$违反式（6-4）中的约束，继续分支成两个节点$([r^*, i^*], [u^*, j^*])$和$([u^*, j^*], [r^*, i^*])$，重复步骤 8，直至问题 P_O 得到一个可行解，即求出问题 P 的最优解。

6.8 算法验证

本节首先通过自动化混流制造单元基准案例和随机生成测试算例对所建立的数学模型和设计的求解算法进行验证，同时给出相应的计算结果，最后与 Lei 和 Liu[38]的算法以及前面提出的混合整数规划方法（MIP）进行对比。Lei 和 Liu 的算法来自于由 Lei 和 Liu 提供的用于算法测试的 C++语言程序。

对于任意一组测试算例，本章都保证了用于算法对比测试的工作站柔性加工时间、机器人搬运时间和机器人在各工作站之间空驶时间一一对应相同。因此，对于同一组测试算例，都可以得出相同的生产周期 T 值。此外，由于本章所提出的算法与 Lei 和 Liu 的算法以及 MIP 都是在相同的测试环境下运行的，且都采用深度优先的搜索方式，这使得它们在计算时间方面的比较具有一定的可行性和客观性。

本章采用 C++语言编制了设计的分支定界算法。

6.8.1 基准案例验证

在验证算法性能的同时，为了便于与 Lei 和 Liu 的研究成果[38]进行对比，本节采用 Phillp&Unger、Ligne1 两个基准案例[10][12]对它们分别进行测试。因为 Lei 和 Liu 的方法只能求解加工两种类型工件的混流调度问题，所以本章只给出了此种情况下两种算法的比较结果（见表 6-1）。在此需要指出的是，由于目前所有的基准实例都是处理一种工件类型的情况，而没有加工多种类型工件的基准实例出现，因此，本章采用在一个周期内加工两个相同类型工件的方式代替加工两种不同类型工件的生产情形，同时为了弥补此种缺陷，本章将在随机生成算例测试环节，使用随机生成方式产生加工不同工件类型的测试算例，以便对模型和算法进行全面而有效的验证。表 6-1 给出了两个典型实例的测试结果：

表 6-1 基准实例测试对比结果

测试实例 R=2	Lei 和 Liu 算法		最优生产周期 T/s	本章分支定界算法	
	计算时间 CPU/s	计算节点个数		计算时间 CPU/s	计算节点个数
Philip&Unger(N=12)	2.625	277469	1004.00	0.688	24221
Ligne1(N=12)	22.828	3410388	801.00	2.563	68103

从表 6-1 不难看出，对同一个典型实例，测试结果表明：无论是计算节点个数还是在整个计算时间方面，本章提出的分支定界算法都要比 Lei 和 Liu 提出的算法要高效得多，表明本章提出的算法能够更快地找到问题的最优解。

6.8.2 随机生成算例验证

本小节使用完全相同的随机生成算例和实验环境来验证前面提出的 MIP、分支定界算法以及 Lei 和 Liu 算法的性能优劣性，最后给出了比较结果。为便于比较，我们采用随机算例的生成方式，且在 MIP 和分支定界算法中同样采用了深度优先搜索策略。随机产生算例的初始化采用完全随机的方法，具体生成方式如下（单位：s）：

（1）随机产生算例的工作站个数范围为：N 取 8～26 之间的偶数。

（2）加工时间的下、上界分别为：$a_{r,i}$ = 30+rand (0, 60)，$b_{r,i}$ = 2 $a_{r,i}$ +rand(0, 60)，其中 rand(a, b)为参数为 a, b 的平均分布，下同。

（3）机器人空驶时间和搬运时间分别按照 $\delta_{i,i+1} = \delta_{i+1,i}$ = 2+rand(0, 6)，d_i = 16+$\delta_{i,i+1}$，

$\delta_{i,j} = \delta_{j,i} = \sum_{k=i}^{j-1} \delta_{k,k+1}$ 随机产生。

1．随机算例验证

首先，根据如上所述的生成方式，产生了加工三种不同类型工件的随机算例对本章开发的模型和分支定界算法进行验证。该随机算例共包括 8 个处理工作站，其中 1~8 号工作站负责工件加工，0 号和 9 号工作站分别为装载站和卸载站。工件柔性加工时间、机器人搬运时间以及空驶时间等数据见表 6-2 ~ 表 6-4。

表 6-2　工件柔性加工时间上下界　　（单位：s）

r	i							
	1	2	3	4	5	6	7	8
1	[61,163]	[70,161]	[78,176]	[49,124]	[53,152]	[67,187]	[77,159]	[30,67]
2	[36,82]	[70,147]	[39, 82]	[65, 186]	[72, 180]	[59, 178]	[89, 213]	[82, 189]
3	[35,113]	[33,115]	[49,143]	[77,156]	[58,165]	[65,174]	[36,95]	[80,203]

表 6-3　机器人搬运时间　　（单位：s）

i	0	1	2	3	4	5	6	7	8
d_i	18	21	23	23	22	18	18	22	21

表 6-4　机器人空驶时间　　（单位：s）

$\delta_{i,j}$	工作站 i									
	0	1	2	3	4	5	6	7	8	9
0	0	2	7	14	21	27	29	31	37	42
1	2	0	5	12	19	25	27	29	35	40
2	7	5	0	7	14	20	22	24	30	35
3	14	12	7	0	7	13	15	17	23	28
4	21	19	14	7	0	6	8	10	16	21
5	27	25	20	13	6	0	2	4	10	15
6	29	27	22	15	8	2	0	2	8	13
7	31	29	24	17	10	4	2	0	6	11
8	37	35	30	23	16	10	8	6	0	5
9	42	40	35	28	21	15	13	11	5	0

在程序运行大约 8.10900s 后，算法自动终止，求出此问题的最优生产周期 T=964.00s，周期开始时刻的工件初始分布 C={1,0,3,0,0,0,0,2,0}，从中可以看出工件的最优加工顺序

为工件 1→工件 2→工件 3。图 6-5 为机器人搬运作业周期调度示意图。

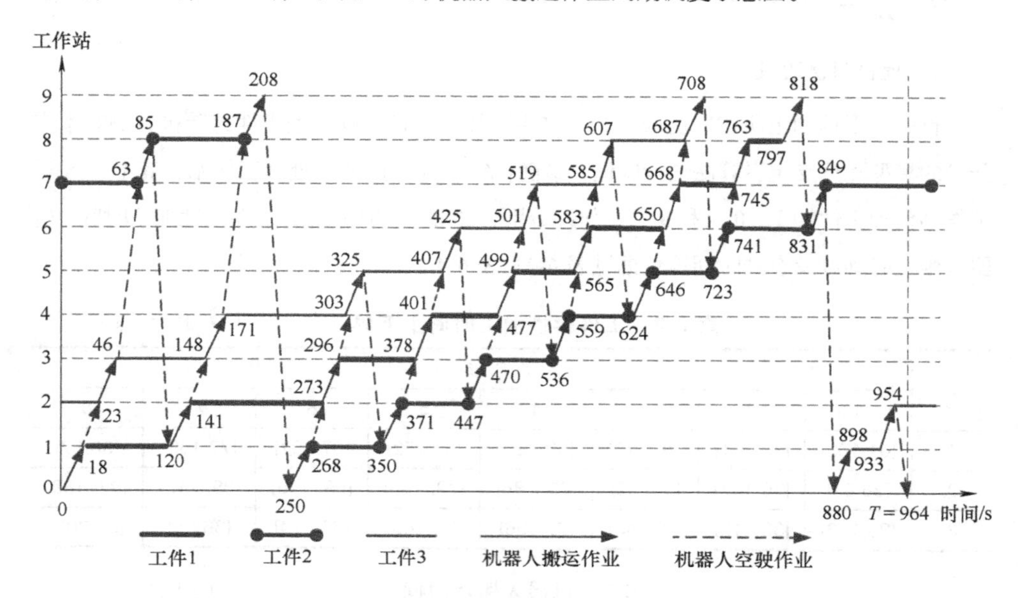

图 6-5 随机生成算例机器人搬运作业周期调度图

2. 算法性能对比

其次，根据上述方式生成随机测试算例对分支定界算法、Lei 和 Liu 算法以及混合整数规划方法（MIP）分别进行测试。表 6-5 给出了使用上述三种算法求解加工两种不同类型工件的随机生成算例的测试结果。

表 6-5 三种算法的对比结果（R=2）

随机生成算例 N	Lei 和 Liu 算法		MIP		分支定界算法		最优生产周期 T/s
	计算时间 CPU/s	计算节点个数	计算时间 CPU/s	计算节点个数	计算时间 CPU/s	计算节点个数	
10	0.250	93002	31.265	344710665	0.203	7831	955.00
12	8.328	2132005	120.437	2088955053	0.969	29288	1097.00
14	5.450	711319	169.421	1667681611	1.047	25670	1369.00
16	126.672	8465700	101.687	1609946317	1.078	22724	1584.00
18	30.688	4528666	196.813	877627839	1.859	30924	1756.00
20	81.250	9406284	467.250	1522593052	7.859	104387	1839.00
22	662.594	44204134	374.750	783231651	21.531	232864	2134.00
24	3809.984	196539943	459.359	501079749	52.578	506979	2377.00

（续）

随机生成算例 N	Lei 和 Liu 算法		MIP		分支定界算法		最优生产周期 T/s
	计算时间 CPU/s	计算节点个数	计算时间 CPU/s	计算节点个数	计算时间 CPU/s	计算节点个数	
26	7047.891	340812683	2911.156	1297515383	30.641	229121	2552.00
28	*	*	1162.438	245046110	59.078	421288	2670.00
30	*	*	2653.422	539713955	1978.766	11609352	2868.00
32	*	*	*	*	4733.204	22984213	3028.00

从表 6-5 可以看出，测试结果包括平均计算时间和搜寻问题最优解所搜索的平均节点个数，以及所求得的最优解是否相等。从表 6-5 总体上可以看出，本章所提出的分支定界算法在平均计算时间和搜索节点个数两方面相对于Lei和Liu算法和混合整数规划方法都具有高效性。由表 6-5 中给出的数据可以分析得出，采用分支定界算法计算时间和搜索的节点个数远少于 Lei 和 Liu 算法和 MIP 方法，而且工作站个数越大，分支定界算法越优于 Lei 和 Liu 算法以及 MIP 方法。

例如，对于工作站个数为 20 的此类随机生成调度问题，Lei 和 Liu 算法的平均计算时间是分支定界算法的 10.28 倍，其计算的节点个数是分支定界算法计算的节点个数的 88.29 倍；MIP 的求解时间是分支定界算法的 59.45 倍，其计算的节点个数是分支定界算法计算的节点个数的 14586.04 倍；当工作站个数增至 26 时，Lei 和 Liu 算法的平均计算时间是分支定界算法的 230.02 倍，其计算的节点个数更是分支定界算法的 1480.19 倍；MIP 的求解时间是分支定界算法的 95 倍，其计算的节点个数是分支定界算法计算的节点个数的 5663.01 倍。同时还可以看出，此三种算法在平均计算时间和搜寻周期调度问题最优解所计算的平均节点个数方面总体上都随着工作站个数的增大而增加。

此外，从表 6-5 还可以看出对于较大规模的此类问题，即当工作站个数分别为 28、30、32 时，分支定界算法始终能够在合理的时间内求解问题，而 Lei 和 Liu 算法由于其计算时间过于长，失去了对比的意义。同时，MIP 方法在 N=32 时，求解时间也过长，中断了算法运算，所以表中相应部分为空缺*。以上表明了分支定界算法在求解较大规模的此类调度问题上明显优于 Lei 和 Liu 算法以及 MIP 方法。

同时，分支定界算法可用于求解加工多种类型工件的柔性加工时间自动化混流制造单元 Flowsop 周期调度问题。表 6-6 和表 6-7 分别给出了 R=3 和 R=4 时的此类问题的随机生成算例测试结果。从表中可以看出，随着 R 值和 N 值的增大，分支定界树的节点也不断增多，相应的求解时间也变长，但始终能够在合理的时间内求得最优解，由于该随机算例基本上模拟了该类问题的实际生产情况，因此该方法与模型具有较高的实用性。因此，本章提出的分支定界算法要比 Lei 和 Liu 算法以及 MIP 方法更为高效且具有广泛的适用性。

表 6-6 给出了使用本章分支定界算法求解随机生成的加工三种不同类型工件的此类调度问题的测试结果。对于每一个给定的 N 值，都有 5 组随机测试算例产生。

表 6-6　R=3 随机算例测试结果

随机算例 R=3; N	平均计算时间 CPU/s	计算时间 CPU/s	最优生产周期 T/s	计算的节点个数
8	8.8938	13.2030	880.00	283459
		4.2970	972.00	381084
		14.4220	978.00	696265
		8.1090	964.00	876274
		4.4380	995.00	974659
10	38.1032	13.5940	1182.00	225387
		121.1250	1148.00	2154588
		1.0000	1263.00	2173193
		12.2500	1160.00	2376530
		42.5470	1163.00	3083525
12	55.4406	21.6560	1504.00	226971
		114.4070	1427.00	1678830
		30.2180	1552.00	1960975
		86.5320	1457.00	2843074
		24.3900	1574.00	3111821
14	1155.0502	845.9690	1662.00	6853725
		202.3440	1712.00	8582294
		1489.6560	1684.00	22143531
		153.0790	1731.00	23239548
		3084.2030	1611.00	55463213
16	2476.1876	646.8750	1887.00	3633235
		801.6250	1873.00	7537054
		4219.3590	1828.00	29475921
		1840.4690	1811.00	38053506
		4872.6100	1844.00	52460341

表 6-7　*R*=4 随机算例测试结果

随机算例 *R*=4；*N*	平均计算时间 CPU/s	计算时间 CPU/s	最优生产周期 *T* /s	计算的节点个数
8	206.2062	91.6720	1420.00	1036938
		725.0000	1226.00	8664031
		54.9220	1479.00	9234247
		141.5470	1248.00	10785317
		17.8900	1351.00	10997020
10	132.3032	134.8440	1889.00	1170207
		161.9220	1900.00	2427569
		28.4370	1652.00	2697447
		50.4850	1990.00	3133635
		285.8280	1614.00	5666803
12	4810.5594	677.0630	2425.00	4215826
		6402.9680	2537.00	40156500
		202.3600	2511.00	41367424
		8085.7180	2091.00	91664955
		8684.6880	2249.00	145300037
14	5768.8532	753.0160	2892.00	3166017
		1293.1720	2906.00	8301698
		1132.7970	2896.00	12572226
		8014.1880	2796.00	45308565
		17651.0930	2966.00	120479984

6.9　本章小结

本章为柔性加工时间自动化混流制造单元 Flowshop 周期调度问题设计了特定而又高效的分支定界算法。首先，在建立研究问题的数学模型之后，设计了三个分支定界树 A、B 和 C，它们分别用来枚举一个周期内所有可能的初始工件分布、工件加工顺序以及枚举分支定界 A 或 B 阶段中未被删除的每一个叶节点所对应的机器人搬运作业顺序。其次，通过将求解生产周期 *T* 的问题转化为有向图求最长路径的问题进行求解。最后，通过基准案例和随机生成测试算例对所建的数学模型和设计的分支定界算法进行了有效性验证，同时与 Lei 和 Liu 算法以及 MIP 方法进行对比，实验结果表明：分支定界算法不仅可以实现问题的最优解，而且在加工两种不同类型工件的此类周期调度问题上明显优于 Lei 和 Liu 算法和 MIP 方法。

此外，分支定界算法比 Lei 和 Liu 算法要更为高效且具有更大的适用范围，其能够有效求解较大规模的加工多种类型工件（$R \geqslant 2$）的柔性自动化混流制造单元 Flowshop 周期调度问题。

第7章 柔性自动化混流制造单元作业车间调度

7.1 引言

随着社会消费水平的不断提高，原来的大众消费时代进入个性化消费时代，突出特点就是产品需求日益多样化、差异化。因此，市场需求被不断细分，竞争异常激烈，企业面临着更加不确定的市场环境，其中电子信息产品制造企业的问题尤为突出。由于传统的刚性生产模式难以适应多变的竞争环境，于是越来越多的制造厂商正逐步采取柔性生产方式（如混流生产方式）来应对以上挑战。

多品种混流生产是 JIT 生产方式普遍采用的一种生产组织方式，并在众多先进制造行业都有着广泛的应用。所谓混流制造单元是指首先根据订单将所需数量的多种类型产品按照一定比例组成一个特定的最小工件集合（MPS），在此假定顾客对 A、B、C 三种类型产品的需求数量分别为 100 件，300 件和 200 件，则 MPS={A，3B，2C}，然后在一定时间内，只要在同一个制造单元上按照 MPS 方式组织生产 100 次，就能满足多品种一定批量的产品需求，进而对市场需求变化快速做出反应并满足该需求。因此，混流制造单元可以在最短时间里最大限度地满足不同消费者的个性化需求，即可以做到“只在必要时间内生产必要数量和必要类型的产品”。

与传统的 Flowshop 和 Jobshop 调度问题相比，本章研究的调度问题更加复杂，不仅要考虑工件排序和机器人搬运作业排序问题，还需要考虑柔性加工时间约束，代表性的研究主要有：Lei 和 Liu[38]为两种不同类型工件的混流调度问题提出了分支定界算法，Amraoui 等人[39][40]与 Zhao 等人[41]为上述调度问题提出了混合整数规划方法（MIP）。Amraoui 等人[42]还为多工件类型混流调度问题建立了线性规划模型并利用遗传算法进行求解。此外，Kats 等人[43]为给定机器人搬运作业顺序下的混流调度问题提出了时间复杂度为 O(N^4)的多项式调度算法，其中 N 为工作站数量。近年来，Feng 等人[121]则为柔性加工时间混流调度问题建立了混合整数规划模型，并使用优化软件 CPLEX 进行求解。Liu 和 Kozan[131]为具有缓存装置的混流调度提出了混合元启发式算法。Elmi 和 Topaloglu[132]为具有给定加工时间的混流调度问题提出了基于蚁群算法的智能优化算法。Zahrouni 和 Kamoun[133]则为只有 2～3 个工作站的混流调度问题提出了启发式调度算法。

传统的生产排序方法，如调度规则，由于简单、易于实现和计算复杂度低，常被用于调度问题中。但是针对本文所研究的调度问题，各类调度规则虽然也可用于工件排序和机器人作业排序中，但是它们无法全面考虑制造单元中各工件对工作站和机器人资源的使用情况以及柔性加工时间约束，故这类方法具有一定的局限性。本章针对柔性加工时间自动化混流制造单元作业车间调度问题，建立通用的混合整数规划模型，并用优化软件 CPLEX 来求解。

7.2 研究问题的描述与假设

7.2.1 问题描述

本章研究的自动化混流制造单元作业车间由 1 个物料搬运机器人、N 个工作站（记为 $W_1, W_2,\cdots, W_N$）以及装载站 W_0 和卸载站 W_{N+1} 组成。假定在一个生产周期内要均衡化生产 $R(R\geqslant 2)$个不同类型的工件，工件类型记为：$1, 2, 3,\cdots, R$。所有不同类型的工件自装载站 W_0 进入自动化制造单元，然后按照其特定的加工工艺进行加工，在所有工序都完成加工后从卸载站 W_{N+1} 离开自动化制造单元。一般来说，特定的加工工艺是指不同类型的工件具有不相同的加工路线和柔性加工时间约束。当一个工件在工作站上完成加工后（其实际加工时间必须满足给定的柔性加工时间约束），由于工作站之间没有任何存储设施，机器人必须立即将其搬运到下一个工序所对应的工作站上进行加工。在任意时间，1 个工作站只能加工 1 个工件，1 个机器人一次也只能搬运 1 个工件。

假定在本章研究的调度问题中，R 个不同类型的工件按照一定加工顺序组成 MPS。在每一个生产周期里，都有 1 个 MPS 进入自动化制造单元，同时会有 1 个 MPS 完成加工并离开自动化制造单元。综上可知，一个周期内 1 种类型的工件只有 1 个进入和完成，所以为叙述方面起见，以下将类型为 $r(1\leqslant r\leqslant R)$的工件简称为工件 r。由于各类型工件的加工工艺类似于传统的无机器人单件车间调度问题，故将此类调度问题称为自动化混流 Jobshop 调度问题。

基于对此类调度问题的研究与分析，可知一个调度方案只有全部满足以下三类约束条件时才是可行的：

（1）柔性加工时间约束：各种类型的工件在工作站上的实际加工时间必须在其对应的柔性加工时间内。

（2）机器人搬运能力约束：本文研究的自动化混流制造单元只有一个机器人执行搬运作业，且在同一时间内机器人一次只能搬运一个工件。

（3）工作站加工能力约束：每一个工作站在同一时间内只能加工一个工件，因此当工件搬运至某工作站时，该工作站必须为空。

7.2.2　参数与变量

如前所述，研究此类调度问题的目标是确定 MPS 中 R 个不同类型工件的加工顺序和找到机器人周期性重复执行的搬运作业顺序，以便最小化周期长度或生产节拍。

为问题建模的需要，定义以下符号：

N_r：工件 r 的工序总数，$1 \leqslant r \leqslant R$。

(r, i)：工件 r 的第 i 个处理工序，$1 \leqslant r \leqslant R, 1 \leqslant i \leqslant N_r$。

$\rho(r, i)$：工序(r, i)所对应的工作站编号，$0 \leqslant i \leqslant N_r, 1 \leqslant r \leqslant R$，且 $\rho(r,0)=0$。

$[a_{r,i}, b_{r,i}]$：工序(r, i)在工作站 $\rho(r, i)$上的柔性加工时间上下界，$1 \leqslant i \leqslant N_r, 1 \leqslant r \leqslant R$。

O_k：需要在工作站 k 上加工的所有工序的集合，$O_k = \{(r, i) | \rho(r, i) = k\}, 1 \leqslant k \leqslant N, 1 \leqslant r \leqslant R, 1 \leqslant i \leqslant N_r$。

搬运作业$[r, i]$：机器人将工件 r 从工作站 $\rho(r, i)$上卸载，并搬运到工作站 $\rho(r, i+1)$，然后再装载到该工作站上的所有活动。任意一个完整的搬运作业$[r, i]$都由 3 个活动组成：①机器人将工件 r 从工作站 $\rho(r, i)$上卸载，②机器人将该工件从工作站 $\rho(r, i)$搬运到工作站 $\rho(r, i+1)$，③机器人将工件 r 装载在工作站 $\rho(r, i+1)$上；$0 \leqslant i \leqslant N_r, 1 \leqslant r \leqslant R$。

$d_{r,i}$：机器人执行搬运作业$[r, i]$所需要的总时间，$0 \leqslant i \leqslant N_r, 1 \leqslant r \leqslant R$。

$\delta_{\rho(r,i),\rho(u,j)}$：机器人从工作站 $\rho(r, i)$空驶到工作站 $\rho(u, j)$所需要的时间，$1 \leqslant r, u \leqslant R, 0 \leqslant i \leqslant N_r+1, 0 \leqslant j \leqslant N_u+1$。

定义该问题的决策变量如下：

T：周期长度。

$S_{r,i}$：搬运作业$[r, i]$的开始时间，$0 \leqslant i \leqslant N_r, 1 \leqslant r \leqslant R$。

$$y_{r,i;u,j}: \ y_{r,i,u,j} = \begin{cases} 1, & \text{如果 } S_{r,i} < S_{u,j} \\ 0, & \text{否则 } S_{u,j} < S_{r,i} \end{cases}, 0 \leqslant i \leqslant N_r, 0 \leqslant j \leqslant N_u, 1 \leqslant r, u \leqslant R$$

由上式可知，若搬运作业[r, i]先于搬运作业[u, j]，则 $y_{r,i;u,j}=1$;反之，$y_{r,i;u,j}=0$。因此有 $y_{r,i;u,j}+y_{u,j;r,i}=1$ 成立。

为便于建模，定义以下中间变量：

$t_{r,i}$: 工序(r, i)在工作站 $\rho(r,i)$上的实际加工时间，须满足 $a_{r,i} \leqslant t_{r,i} \leqslant b_{r,i}$, $1 \leqslant i \leqslant N_r$, $1 \leqslant r \leqslant R$。

图 7-1 为柔性自动化混流制造单元作业车间调度问题机器人周期调度示意图。该制造单元包括 4 个工作站，其中 1~4 号工作站负责工件处理，0 号和 5 号工作站分别为装载站和卸载站。从图 7-1 中可以看出该制造单元周期性地加工 3 种不同类型工件，不同类型工件的处理工艺不同，类似于传统的 Jobshop 调度问题，其中工件类型 1 的处理路线为工作站 0→工作站 1→工作站 2→工作站 5；工件类型 2 的处理路线为工作站 0→工作站 1→工作站 4→工作站 3→工作站 2→工作站 5；工件类型 3 的处理路线为工作站 0→工作站 1→工作站 4→工作站 3→工作站 5；还可以看出，在生产周期 T 内，工件的加工顺序为：工件类型 1→工件类型 3→工件类型 2，其对应的机器人搬运作业开始时间顺序为：$S_{1,0}$→$S_{3,3}$→$S_{2,2}$→$S_{1,1}$→$S_{3,0}$→$S_{1,2}$→$S_{2,3}$→$S_{3,1}$→$S_{2,0}$→$S_{2,4}$→$S_{3,2}$→$S_{2,1}$，其中 $S_{r,i}$ 表示搬运作业[r, i]的开始时间。机器人按照图中的顺序执行空驶或搬运作业活动，直到机器人再空驶回到装载站，然后再重复相同的状态。机器人完成这样一组周期性作业活动的时间就是周期长度 T。综上描述可知，只要知道搬运作业[r, i]的开始时间 $S_{r,i}$ 和 T，便可知生产周期内的工件加工顺序和机器人搬运作业顺序。因此，解决此类调度问题的关键是如何确定 $S_{r,i}$ 和 T。所以，在该问题的建模部分，将 $S_{r,i}$ 和 T 作为此类研究问题的决策变量。

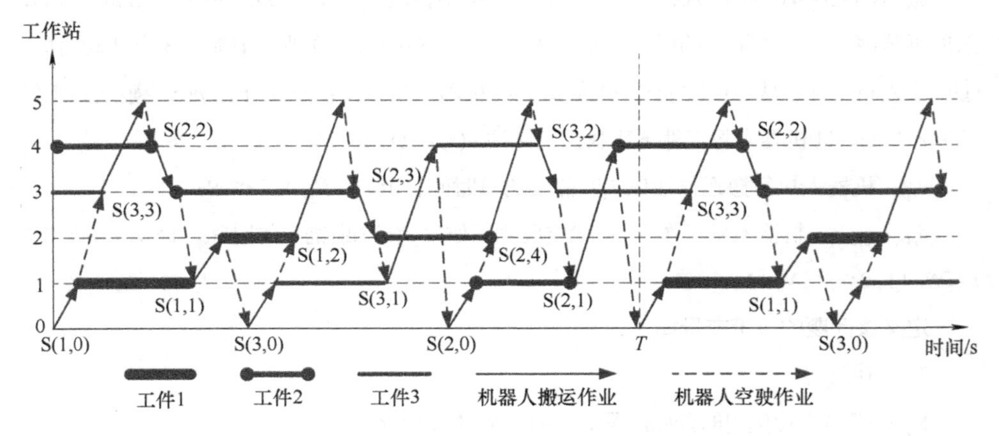

图 7-1　柔性自动化混流制造单元作业车间调度问题机器人周期调度示意图

7.3　混合整数规划模型的建立

7.3.1　柔性加工时间约束建模

该约束是指工序(r, i)的实际加工时间必须在其特定的时间上下界范围之内，小于下界值或大于上界值都会产生废品。根据图 7-1 所示，在周期开始时间，工作站处于两种状态之一：空闲或者有工件在处理。以下分别讨论这两种情况下的柔性加工时间约束建模[10][44][45]。

（1）若在周期开始时间，工作站$\rho(r, i)$处于空闲状态（如图 7-1 工作站 1 所示）。根据定义，在$S_{r,i-1}+d_{r,i-1}$时刻，机器人将工件r $(1\leqslant r\leqslant R)$装载到此工作站上，并在完成处理后，在$S_{r,i}$时刻将其搬离该工作站。由此可知，工件$r$在该工作站上的实际加工时间$t_{r,i}=S_{r,i}-S_{r,i-1}-d_{r,i-1}$，则此种情况下柔性加工时间约束可表示为

$$a_{r,i}\leqslant S_{r,i}-S_{r,i-1}-d_{r,i-1}\leqslant b_{r,i},\ 1\leqslant i\leqslant N_r,\ 1\leqslant r\leqslant R$$

（2）若在周期开始时间，工件r已经在工作站$\rho(r, i)$上加工（如图 7-1 工作站 3 所示），则可知其是在上一周期的$S_{r,i-1}+d_{r,i-1}-T$时刻装载至工作站的，且会在本周期的$S_{r,i}$时刻完成加工并被搬离该工作站，则其在工作站$\rho(r, i)$上的实际加工时间$t_{r,i}=T+S_{r,i}-S_{r,i-1}-d_{r,i-1}$。综上分析，可知此种情况下柔性加工时间约束可表示为

$$a_{r,i}\leqslant T+S_{r,i}-S_{r,i-1}-d_{r,i-1}\leqslant b_{r,i},\ 1\leqslant i\leqslant N_r,\ 1\leqslant r\leqslant R$$

综合考虑以上两种情况，引入 0-1 变量$y_{r,i-1;r,i}$后，上述约束可表示为

$$a_{r,i}+d_{r,i-1}-M(1-y_{r,i-1;r,i})\leqslant S_{r,i}-S_{r,i-1}\leqslant b_{r,i}+d_{r,i-1}+M(1-y_{r,i-1;r,i}),\quad \forall 1\leqslant i\leqslant N_r,\ 1\leqslant r\leqslant R \tag{7-1}$$

$$a_{r,i}+d_{r,i-1}-M(1-y_{r,i-1;r,i})\leqslant T+S_{r,i}-S_{r,i-1}\leqslant b_{r,i}+d_{r,i-1}+M(1-y_{r,i-1;r,i}),\quad \forall 1\leqslant i\leqslant N_r,\ 1\leqslant r\leqslant R \tag{7-2}$$

式中，M为非常大的正数。

7.3.2　机器人搬运能力约束建模

该约束要求机器人不能同时执行两个搬运作业。如图 7-1 所示，对于任意两个搬运作业[r, i]和[u, j]，在实际过程中有两种情况出现，要么搬运作业[r, i]先于搬运作业[u, j]，要么搬运作业[r, i]晚于搬运作业[u, j]。因此分以下两种情况考虑[39][40][44]。

（1）若搬运作业[r, i]先于搬运作业[u, j]。根据定义，机器人在$S_{r,i}$时刻开始将工件r

从工作站 $\rho(r, i)$上卸载，并在 $S_{r,i}+d_{r,i}$时刻将它搬离并装载到工作站 $\rho(r, i+1)$上，然后机器人必须要在搬运作业$[u, j]$开始前从工作站 $\rho(r, i+1)$空驶到工作站 $\rho(u, j)$以便执行搬运作业$[u, j]$，则此种情况下机器人搬运能力约束表示为

$$S_{r,i}+d_{r,i}+\delta_{\rho(r,i+1),\rho(u,j)} \leqslant S_{u,j}, \forall 1\leqslant r, u\leqslant R, 0\leqslant i\leqslant N_r, 0\leqslant j\leqslant N_u, [r, i]\neq[u, j]$$

（2）若搬运作业$[u, j]$先于搬运作业$[r, i]$。机器人同样要在完成搬运作业$[u, j]$后，在搬运作业$[r, i]$开始前从工作站 $\rho(u, j+1)$空驶到工作站 $\rho(r, i)$以便执行搬运作业$[r, i]$，此种情况下机器人搬运能力约束可表示为

$$S_{u,j}+d_{u,j}+\delta_{\rho(u,j+1),\rho(r,i)} \leqslant S_{r,i}, \forall 1\leqslant r, u\leqslant R, 0\leqslant i\leqslant N_r, 0\leqslant j\leqslant N_u, [r, i]\neq[u, j]$$

综合考虑以上两种情况，引入 0-1 变量 $y_{r,i;u,j}$，得到以下关系式：

$$S_{u,j}-S_{r,i}\geqslant d_{r,i}+\delta_{\rho(r,i+1),\rho(u,j)}-M(1-y_{r,i;u,j}), \quad \forall 1\leqslant r, u\leqslant R, 0\leqslant i\leqslant N_r, 0\leqslant j\leqslant N_u, [r, i]\neq[u, j] \tag{7-3}$$

$$S_{r,i}-S_{u,j}\geqslant d_{u,j}+\delta_{\rho(u,j+1),\rho(r,i)}-My_{r,i;u,j}, \quad \forall 1\leqslant r, u\leqslant R, 0\leqslant i\leqslant N_r, 0\leqslant j\leqslant N_u, [r, i]\neq[u, j] \tag{7-4}$$

此外，不失一般地，假定搬运作业[1,0]为周期时间内机器人的第一个搬运作业，则可知搬运作业[1,0]先于本周期内的所有其他任意搬运作业$[r, i]$，其中$[r, i]\neq[1,0]$且有$S_{1,0}=0$，故有以下关系式[10][44][45]：

$$d_{1,0}+\delta_{\rho(1,1),\rho(r,i)}\leqslant S_{r,i}, \quad \forall 1\leqslant r\leqslant R, 0\leqslant i\leqslant N_r, [r, i]\neq[1,0] \tag{7-5}$$

同理，若搬运作业$[r, i]$为周期内的最后一个搬运作业时，机器人在完成该搬运作业后，必须要有足够的时间空驶到装载站 W_0，并在时刻 T 开始执行下一周期的第一个搬运作业[1,0]。综上分析，则有以下关系式[10][44][45]：

$$S_{r,i}+d_{r,i}+\delta_{\rho(r,i+1),0}\leqslant T, \quad \forall 1\leqslant r\leqslant R, 0\leqslant i\leqslant N_r \tag{7-6}$$

7.3.3 工作站加工能力约束建模

该约束是指在任意时间内 1 个工作站只能加工 1 个工件。不难理解，对于任意 O_k，只要 O_k 中任意两个工序使用工作站 k 不发生冲突（即不同时使用工作站 k），则 O_k 中所有工序在使用工作站 k 时也不会发生冲突。对于 O_k 中任意两个工序(r, i)和(u, j)，为避免工作站使用冲突，借鉴他人对可重入工作站的约束建模方法，需考虑以下情况[26]：

（1）若在周期开始时间，工作站 k 空闲（例如图 7-1 工作站 1），若工序(r, i)先于工序(u, j)在该工作站上处理，则有关系式 $S_{r,i-1}<S_{r,i}<S_{u,j-1}<S_{u,j}$成立；若工序$(u, j)$先于工序$(r, i)$在该工作站上处理，则有关系式 $S_{u,j-1}<S_{u,j}<S_{r,i-1}<S_{r,i}$成立。

（2）若在周期开始时间，工作站 k 正在执行工序(r, i)（例如图 7-1 工作站 3），则表明该工序在上个周期就开始在工作站 k 上进行处理，那么在本周期内工序(r, i)先于其他所有在该工作站处理的工序(u, j)，则有关系式 $S_{r,i}<S_{u,j-1}<S_{u,j}<S_{r,i-1}$ 成立；同理，若在周期开始时刻，工作站 k 正在执行工序(u, j)，则类似地有关系式 $S_{u,j}<S_{r,i-1}<S_{r,i}<S_{u,j-1}$ 成立。

综合考虑上述两种可能情况，引入 0-1 变量，得到以下关系式：

$$\sum_{(r,i)\in O_k} y_{r,i;r,i-1} \leqslant 1,\ \forall 1\leqslant r\leqslant R,\ 1\leqslant k\leqslant N \tag{7-7}$$

$$y_{r,i-1;r,i} + y_{u,j-1;u,j} + y_{r,i;u,j-1} + y_{u,j;r,i-1} \geqslant 3,\ \forall (r,i),(u,j)\in O_k,\ r\neq u,\ 1\leqslant r,\ u\leqslant R, 1\leqslant k\leqslant N \tag{7-8}$$

式（7-7）表示工作站 k 在周期开始时间最多只能执行一项工序，而式（7-8）则表示为了避免工作站使用冲突，使用工作站 k 的工序集 O_k 中任意两个工序所对应的搬运作业应该满足的约束关系。

除上述三类约束以外，还应考虑以下 0-1 变量约束以及非零约束：

$$y_{r,i;u,j}+y_{u,j;r,i}=1,\ 0\leqslant i\leqslant N_r,\ 0\leqslant j\leqslant N_u,\ \forall 1\leqslant r,\ u\leqslant R \tag{7-9}$$

$$y_{r,i;u,j}\in\{0,1\}, \forall 1\leqslant r,u\leqslant R,\ 0\leqslant i\leqslant N_r,\ 0\leqslant j\leqslant N_u \tag{7-10}$$

$$S_{r,i}\geqslant 0,\ \forall 1\leqslant r\leqslant R,\ 0\leqslant i\leqslant N_r \tag{7-11}$$

$$T\geqslant 0 \tag{7-12}$$

综上所述，本章所研究的柔性加工时间自动化混流制造单元作业车间周期调度问题的通用混合整数规划数学模型如下：

$$\text{Min } T$$

s.t　　式（7-1）~式（7-12）

7.4 应用验证

本章利用 C++语言编制了所建立的混合整数规划模型的求解算法，并利用优化软件 CPLEX 来求解。以下分别应用典型印制电路板自动化制造单元案例和随机生成算例来验证混合整数规划模型的有效性。

7.4.1 基准案例验证

首先，应用两个自动化印制电路板电镀制造单元案例对本章所建立的混合整数规划模型进行验证[39][40][42]。

1．基准案例 1

该案例共包括 6 个处理工作站，其中 1~6 号工作站负责工件处理，0 号和 7 号工作站分别为装载站和卸载站。机器人从工作站 i 到工作站 j 的空驶时间和负载搬运时间分别为 $|i-j|\times 3$ 和 $4+|i-j|\times 3$。共有 3 个不同类型的工件需要处理，工件在各工序上的柔性加工时间上下界见表 7-1。

表 7-1　工件在各工序上的柔性加工时间上下界（案例 1）　（单位：s）

r	i					
	1	2	3	4	5	6
1	[34,91]	[21,63]	[52,111]	[57,109]	[27,48]	[67,97]
2	[38,59]	[63,83]	[72,131]	[63,110]	[28,67]	[36,60]
3	[45,88]	[31,81]	[40,84]	[24,74]	[48,98]	[59,119]

各工件的处理路线如下:

工件 1：0→3→6→1→4→2→5→7。

工件 2：0→4→1→3→5→2→6→7。

工件 3：0→2→5→6→3→1→4→7。

由上可知，3 类工件在 1~6 号工作站上都有处理工序，其中 O_1={(1,3), (2,2), (3,5)}; O_2={(1,5), (2,5), (3,1)}; O_3={(1,1), (2,3), (3,4)}; O_4={(1,4), (2,1), (3,6)}; O_5={(1,6), (2,4), (3,2)}; O_6={(1,2), (2,6), (3,3)}。使用 CPLEX 求解该实例，在运行大约 2.53s 后，获得了该问题的最优生产周期 T^*=479s，其对应的机器人搬运作业顺序、工件进入顺序以及各搬运作业的开始时间如图 7-2 中所示。

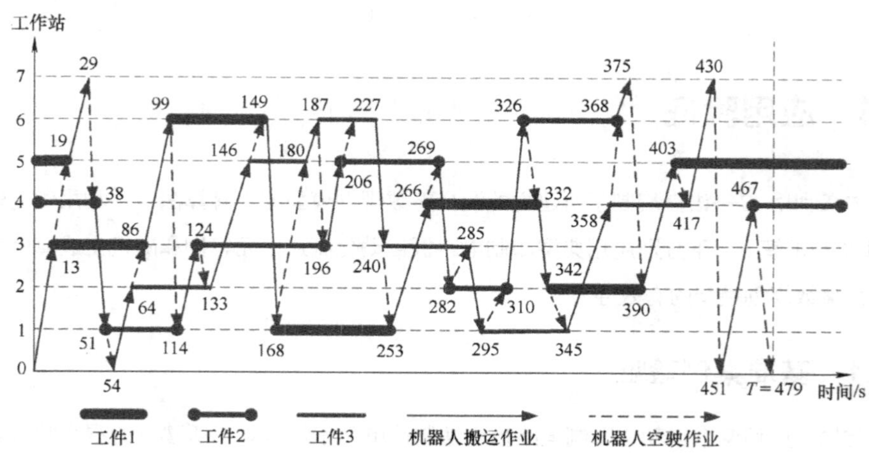

图 7-2　基准案例 1 的机器人搬运作业调度方案图

2．基准案例 2

该实例共包括 8 个处理工作站，其中 1~8 号工作站负责工件处理，0 号和 9 号工作站分别为装载站和卸载站。机器人从工作站 i 到工作站 j 的空驶时间和负载搬运时间分别为$|i-j|\times3$ 和 $4+|i-j|\times3$。共有 3 个不同类型的工件需要处理，工件在各工序上的加工时间上下界见表 7-2。

表 7-2　工件在各工序上的柔性加工时间上下界（案例 2）　（单位：s）

r	i							
	1	2	3	4	5	6	7	8
1	[16,56]	[61,83]	[66,104]	[27,69]	[48,72]	[36,94]	[51,76]	[46,71]
2	[59,102]	[68,127]	[19,43]	[68,96]	[28,57]	—	—	—
3	[56,91]	[25,59]	[43,83]	[32,71]	[18,59]	[58,91]	—	—

各工件处理路线如下:

工件 1：0→8→6→1→4→5→7→3→2→9。

工件 2：0→5→3→7→1→4→9。

工件 3：0→4→7→5→2→3→1→9。

由上可知，3 类工件不一定在 1~8 号工作站上都有处理工序，其中 $O_1=\{(1,3), (2,4), (3,6)\}$; $O_2=\{(1,8), (3,4)\}$; $O_3=\{(1,7), (2,2), (3,4)\}$; $O_4=\{(1,4), (2,5), (3,1)\}$;　$O_5=\{(1,5), (2,1), (3,3)\}$; $O_6=\{(1,2)\}$; $O_7=\{(1,6), (2,3), (3,2)\}$; $O_8=\{(1,1)\}$。使用 CPLEX 求解该实例，在运行大约 16.41s 后，获得了该问题的最优生产周期 $T^*=575$s，其对应的机器人搬运作业顺序、工件进入顺序以及各搬运作业的开始时间如图 7-3 中所示。

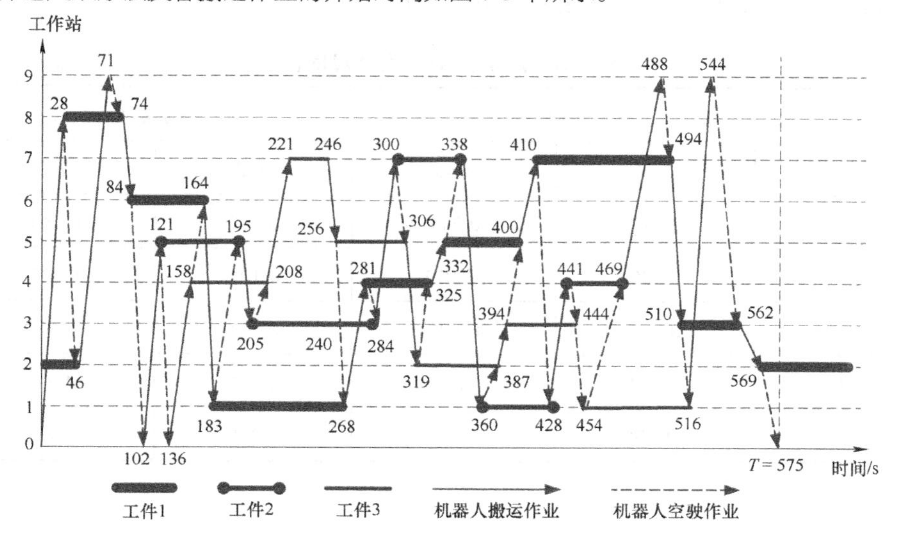

图 7-3　基准案例 2 的机器人搬运作业调度方案图

7.4.2 随机生成算例验证

以下通过随机生成算例来验证所建立数学模型的有效性。首先，假定工作站个数 N（不包括装载站 0 和卸载站 N+1）和工件类型总数 R 值均已知，U(x, y)表示在区间[x, y]内服从均匀分布的随机数。随机算例参数产生方式如下：

（1）工件 r 的工序总数 N_r，为了全面验证模型的有效性，生成两组随机算例：算例组 1: N_r=N, 1≤r≤R；算例组 2:N_r=U(1, N),1≤r≤R。

（2）工序(r, i)所对应的工作站编号 $\rho(r, i)$=U(1, N)，其中 $\rho(r,0)=0$。

（3）工序(r, i)在工作站 $\rho(r, i)$上加工时间上下界分别为：$a_{r,i}$=U(15, 75); $b_{r,i}= a_{r,i}+$U(20, 60)。

（4）机器人在任意两个工作站 $\rho(r, i)$和 $\rho(u, j)$之间的空驶时间 $\delta_{\rho(r, i), \rho(u, j)} = \delta_{\rho(u, j), \rho(r, i)} = |\rho(r, i) - \rho(u, j)| \times 3$。

（5）搬运作业[r, i]所需要的时间 $d_{r, i} = \delta_{\rho(r, i), \rho(r, i+1)} + 4$。

表 7-3 给出了当工作站个数 N 分别为 6、8、10、12、14，工件类型个数 R 为 2 和 3 时，随机算例组 1 和 2 的平均计算时间(即每组参数设置下随机运行 10 次的平均计算时间)。由表 7-3 可知，随着 R 值和 N 值的增大，问题规模也随之变大，相应的求解时间也变长，但始终能够在合理的时间内求得最优解，由于该随机算例基本上模拟了该类问题的实际生产情况，因此该方法与模型具有较高的实用性。

表 7-3 随机算例平均计算时间 （单位：s）

N	算例组 1		算例组 2	
	R=2	R=3	R=2	R=3
6	0.712	9.711	0.205	0.544
8	3.009	32.373	0.131	4.800
10	9.000	388.211	0.581	15.733
12	16.508	491.858	0.441	34.211
14	24.455	1887.536	5.395	65.273

7.5　本章小结

本章使用混合整数规划方法为柔性加工时间自动化混流制造单元作业车间周期性调度问题建立了通用的混合整数规划数学模型，并通过自动化印制电路板制造单元实例和随机生成算例验证了所建的模型。实验结果表明，该方法和模型能够在合理的时间内得到所求问题的最优生产周期以及各个搬运作业的开始时间，从而表明了该方法能够有效求解此类调度问题，具有较高的实用性。

第 8 章

柔性自动化制造单元多机器人调度

8.1 引言

在实际生产过程中，制造单元通常会上存在大量的工件搬运任务且有些搬运作业之间间隔时间很短等情况，因此机器人很可能会成为整个生产过程中的瓶颈，进而限制了制造单元整体运行效率的进一步提升。此类问题通常的解决途径是：通过使用多个物料搬运机器人来共同负责工件在不同工作站之间的搬运任务以便最大化生产系统的整体运行效率（比如，Lei 和 Wang[60]、Leung 和 Zhang[67]）。不难理解，在以最大化生产率为优化目标的前提下，与单机器人搬运作业调度优化问题相比，多机器人搬运作业调度优化问题的复杂之处一是在于如何有效避免多个机器人在运行过程中互不发生碰撞，二是如何分配搬运作业给不同的机器人以及如何对机器人的搬运作业顺序进行有效的优化与调度。由上述可知，研究自动化制造单元多机器人调度问题具有非常重要的理论与现实意义。

如第 1 章所述，国内外许多学者目前已对自动化制造单元多机器人周期性调度问题进行了较为深入的研究，并提出了多种不同类型的调度理论与方法，比如混合整数规划法[67][69]、分支定界法[68][70]等精确算法以及有效的启发式调度算法[71][72]。通过文献研究发现，现有研究成果都或明或暗假设同一项搬运作业的开始时间和完成时间必须属于同一个生产周期内，并以此为基础建立了所研究问题的数学模型或混合整数规划模型，最后设计了相应的求解算法。不难看出，此种假设会降低机器人的搬运作业效率，原因是某些机器人完全可以跨周期地执行搬运作业任务，即机器人执行某项搬运作业的开始时间属于当前生产周期，但其结束时间却属于下一个生产周期。由此可知，机器人跨周期执行搬运作业可能会缩短生产周期（即提高生产效率）。另外，由于现有（上述）假设很可能会缩小所研究问题的可行解区域，现有文献所提出的调度理论与方法无法保证在所有可行解中找到所研究问题的真正或全局最优解（以下称为全局最优解）。综上所述，机器人执行搬运作业的开始时间和完成时间没有必要严格限定在同一个生产周期内。近年来，也有学者对其他类型的多机器人调度问题进行了研究，比如杨煜俊等人[134]为作业车间多机器人非周期性调度问题提出了基于邻域搜索策略和启发式规则相结合的混合遗传算法，基准案例测试结果表明该算法优于其他算法；Wollace 和 Yorke[135]则为多机器人调度问题建立了约束规划（Constraint Programming，CP）模型，基准案例测试结果表明该约束规划模型比已有的线性规划（Linear Programming，LP）模型更容易求解；Emna 等人[136]则为多机器人制造单元设计与调度双目标优化问题提出了基于自适应可变邻域搜索（Variable Neighborhood Search，VNS）和回溯搜索（Backtrack Procedure，BP）的混合算法，基准案例测试结果表明该算法效率高，能够获得多个案例的最优解。

综上所述，为获得柔性自动化制造单元多机器人周期性调度问题的全局最优解，首先，要对目前有关搬运作业开始和完成时间的假设约束进行重新定义，即同一项搬运作业的开始和完成时间不必属于同一个生产周期。其次，由于 Leung 等人[69]首次为此类周期性调度问题提出了通用的混合整数规划（MIP）模型，本章将对他们所建立的 MIP 模型（以下统称为现有 MIP 模型）进行改进以便获得所研究问题的全局最优解。因此，接下来首先给出 Leung 等人所建立的 MIP 模型[69]，然后再详细叙述如何对其进行改进。

8.2　问题描述及现有 MIP 模型

为了便于将本章后续部分提出的改进 MIP 模型与现有 MIP 模型进行对比以及叙述的一致性，本节首先对所研究的自动化制造单元多机器人调度问题进行概述，并使用与 Leung 等人相同的数学符号来定义建模过程中所有用到的常量与变量；然后再对现有的 MIP 模型[69]进行详细介绍。

8.2.1　问题描述

本章研究的柔性自动化制造单元多机器人周期性调度问题可概述为[69]：首先，制造单元的布局方式为直线式，装载站（M_0）和卸载站（M_{n+1}）分别放置于制造单元的前端和末端。制造单元的中间部分由 n 个工作站组成，依次标记为 $M_1, M_2, M_3,\cdots, M_{n-1}, M_n$，它们用来对工件进行除油、水洗及电镀等加工工序。另外，制造单元的正上方安装有一条轨道，负责工件搬运任务的 K（$K>1$）个物料搬运机器人（注：通常将靠近装载站和卸载站的机器人分别标记为 1 号和 K 号，将中间部分的机器人按位置顺序进行标记为 2 号，3 号，…，$K-1$ 号）可在这条轨道上来回行驶进行搬运作业。可以看出，由于多个机器人在同一条轨道上行驶，必须要确保它们之间在行驶过程中不能发生碰撞，并且也不能跨过对方行驶。此外，还假定机器人在行驶过程中的速度是恒定不变的。换言之，无论机器人在行驶过程中是否携带有工件，它都要花费相同的时间从工作站 M_i 的上方移动到工作站 M_j 的上方。

工件从装载站进入生产系统后，依次在各个工作站上进行加工处理，直至所有处理工序都完成后从卸载站离开生产系统。按照处理工艺要求，工件在工作站上的加工时间不是固定的，而是在一定范围内（即柔性加工时间约束）变化的。此外，工作站之间没有设置缓存设施。换言之，工件在某个工作站完成处理任务后，就必须被立即搬运到下一个工序上进行处理，中间不能停留。工作站在每个时刻最多只能加工处理 1 个工件，即加工能力约束。

如前所述，为简化生产管理及满足大批量生产要求，自动化制造单元大多采用周期性的生产模式，且每个生产周期内只有 1 个工件进入生产系统同时也会有 1 个工件离开生产系统。另外，不失一般地，假定在每个生产周期开始时刻由 1 号机器人负责将工件从装载站搬运到工作站 M_1 上进行处理加工。综上所述，本章的研究目标是找到一组最优的多机器人搬运作业分配与调度方案以实现最小化生产周期的目的（即最大化生产效率）。

为便于将改进 MIP 模型与现有 MIP 模型进行对比，均使用相同的符号与变量[69]：

$$N=\{1, 2, 3,\cdots, n\},\ N^0=\{0, 1, 2,\cdots, n\},\ \mathcal{K}=\{1, 2, 3,\cdots, K\}$$

d_i：机器人执行搬运作业 i 所需要花费的时间，$i\in N^0$。

$\delta_{i,j}$：机器人从 M_i 的上方空驶到 M_j 的上方所需要花费的时间，$i,j\in N^0\cup\{n+1\}$。

a_i：工件在工作站 M_i 上的最短加工时间，$i\in N$。

b_i：工件在工作站 M_i 上的最长加工时间，$i\in N$。

M：一个非常大的实数（注：M 通常为比最小生产周期高出多个数量级的实数）。

ε：一个非常小的常量。

下面定义问题的决策变量[69]：

T：生产周期。

t_i：机器人执行搬运作业 i 的开始时间，$i\in N^0$。不失一般地，$t_0=0$。

$y_{i,j}$：机器人执行任意两项搬运作业 i 和 j 的先后顺序，其为 0-1 变量，$i \neq j$，$i, j \in N$。如果 $t_i < t_j$，则表明搬运作业 j 的开始时间要晚于搬运作业 i 的开始时间，因此有 $y_{i,j}=1$；否则，有 $y_{i,j}=0$。

$\mathcal{L}_i$：搬运作业 i 是否为 1 号机器人在生产周期内的最后一项搬运任务，其为 0-1 变量，$i \in N^0$。如果搬运作业 i 是 1 号机器人在生产周期内的最后一项搬运任务，则有 $\mathcal{L}_i=1$；否则，有 $\mathcal{L}_i=0$。

z_i^k：将搬运作业 i 是否分配给 k 号机器人执行，其为 0-1 变量，$i \in N^0$，$k \in \mathcal{K}$。如果将搬运作业 i 分配给 k 号机器人执行，则有 $z_i^k=1$；否则，有 $z_i^k=0$。

s_i：在生产周期开始时刻工作站 M_i 上是否有工件正在处理，其为 0-1 变量，$i \in N$。如果有，则有 $s_i=1$；否则，有 $s_i=0$。

8.2.2　现有 MIP 模型介绍

Leung 等人[69]主要从下述四种类型约束入手为柔性自动化制造单元多机器人周期性调度问题建立了第一个混合整数规划（MIP）模型，并使用优化软件 CPLEX 进行了求解。

（1）机器人分配约束及周期性约束：每项搬运任务最多只能分配给 K 个机器人中的某一个去执行，这称为机器人分配约束；另外，由于 1 号机器人负责在每个生产周期开始时间从装载站将新工件搬运到生产系统，在完成最后一项搬运任务后，它必须要在生产周期内返回到装载站以便执行下一个生产周期的新工件搬运任务，这称为周期性约束。

（2）柔性加工时间约束：依据工艺流程，工件在工作站上的实际加工时间不是一个固定数值，而是在预先给定的一个数值范围（即 $a_i \leqslant$ 实际处理时间 $\leqslant b_i$）内变化的。否则就会产生废品。

（3）机器人搬运能力约束：每个机器人在行驶过程中最多只能携带一个工件，且要保证同一个机器人有充足的空驶时间来执行分配给它的任意两项相邻的搬运作业。

（4）机器人碰撞避免约束：由于多个机器人同时行驶在一条轨道上，要确保它们之间绝对不能够发生碰撞以及跨越对方。

以上述工作为基础，Leung 等人首次为以最小化生产周期为优化目标的柔性自动化制造单元多机器人调度问题建立了如下 MIP 模型[69]：

目标函数：Minimize T

s.t.

（1）机器人分配约束及周期性约束。

$$\sum_{k=1}^{K} z_i^k = 1, \quad i \in N \tag{8-1}$$

$$\sum_{i=0}^{n} \mathcal{L}_i = 1 \tag{8-2}$$

$$\mathcal{L}_0 + z_i^1 \leqslant 1, \; i \in N \tag{8-3}$$

$$\mathcal{L}_i \leqslant z_i^1, \; i \in N \tag{8-4}$$

$$z_i^1 + \mathcal{L}_j - y_{ij} \leqslant 1, \quad i, j \in N \tag{8-5}$$

$$t_i + d_i + \delta_{i+1,\,0}\mathcal{L}_i \leqslant T, \; i \in N^0 \tag{8-6}$$

$$t_j - (d_0 + \delta_{1,\,j})\, z_j^1 \geqslant 0, \; j \in N \tag{8-7}$$

$$t_0 = 0 \tag{8-8}$$

式（8-1）表示每项搬运作业只能分配给 K 个机器人中的某一个去执行。式（8-2）表示在所有 $n+1$ 项搬运作业中必须要有一项作业是 1 号机器人在生产周期 T 内的最后一项搬运任务。式（8-3）表示如果存在 $\mathcal{L}_0=1$，则表明搬运作业 0（即将工件从 M_0 搬运到 M_1 中）既是 1 号机器人在生产周期内的第一项搬运作业，也是最后一项；否则（即 $\mathcal{L}_0=0$）式（8-3）恒成立。式（8-4）表示如果搬运作业 i 不是由 1 号机器人负责执行（即 $z_i^1=0$），那么肯定有 $\mathcal{L}_i=0$；否则式（8-4）恒成立。式（8-5）则进一步限定了 1 号机器人的其他搬运作业与其最后一项搬运作业的执行顺序关系。式（8-6）限定了所有机器人必须在生产周期 T 内开始并完成所分配的搬运作业，同时也规定了 1 号机器人在完成其最后一项搬运任务之后必须要在生产周期 T 内返回装载站 M_0，以便执行下一个生产周期的第一项搬运作业。最后，式（8-7）和式（8-8）规定了所有搬运作业的开始时间为非负值，同时式（8-7）还进一步确保了 1 号机器人在完成第一项搬运作业（即作业 0）之后拥有充足的空驶时间执行它的下一项搬运作业。

（2）柔性加工时间约束。

$$t_i - (t_{i-1} + d_{i-1}) \leqslant b_i, \; i \in N \tag{8-9}$$

$$t_i - (t_{i-1} + d_{i-1}) + Ms_i \geqslant a_i, \; i \in N \tag{8-10}$$

$$t_i + T - (t_{i-1} + d_{i-1}) - M(1 - s_i) \leqslant b_i, \; i \in N \tag{8-11}$$

$$t_i + T - (t_{i-1} + d_{i-1}) \geqslant a_i, \; i \in N \tag{8-12}$$

$$t_i - t_{i-1} - d_{i-1} + \varepsilon - (b_i + \varepsilon)(1 - s_i) \leqslant 0, \; i \in N \tag{8-13}$$

式（8-9）和式（8-10）表示当 $s_i=0$ 时，工件在工作站 M_i 上的实际加工处理时间（即 $t_i-t_{i-1}-d_{i-1}$）不能小于预先设定的最小加工时间 a_i，但也不能超过预先设定的最长加工时间 b_i。式（8-11）和式（8-12）表示当 $s_i=1$ 时，工件在工作站 M_i 上的实际加工处理时间

（即 $T+t_i-t_{i-1}-d_{i-1}$）必须满足柔性加工时间约束。式（8-13）表示在工件 k（$k\geqslant 1$）离开工作站 M_i 的时间（即时刻 t_i）和工件 $k+1$ 搬运到工作站 M_i 的时间（即时刻 $t_{i-1}+d_{i-1}$）之间要有一定的时间间隔，以确保执行两项搬运作业的机器人不会发生碰撞。

（3）机器人搬运作业顺序约束。

$$t_j-t_i\leqslant My_{i,j},\quad i, j\in N, i\neq j \tag{8-14}$$

$$y_{i,j}+y_{j,i}=1,\quad i, j\in N, i\neq j \tag{8-15}$$

式（8-14）和式（8-15)定义了任意两项搬运作业（记为 i 和 j）开始时间之间的先后顺序：如果 $y_{i,j}=0$,则由式（8-14)可知，搬运作业 j 的开始时间早于搬运作业 i 的开始时间；反之亦然。

（4）机器人搬运能力约束以及碰撞避免约束。

$$t_i+d_i+\delta_{i+1,j}-t_j\leqslant M(3-y_{ij}-z_i^k-\sum_{h=k}^{K}z_j^h),\ i, j\in N, j<i, k\in\mathcal{K} \tag{8-16}$$

$$t_j+d_j+\delta_{j+1,i}-t_i\leqslant M(3-y_{ji}-z_i^k-\sum_{h=k}^{K}z_j^h),\ i, j\in N, j<i, k\in\mathcal{K} \tag{8-17}$$

$$t_j+d_j+\delta_{j+1,i}-t_i\leqslant M(3-y_{ji}-z_i^k-\sum_{h=1}^{k}z_j^h),\ i, j\in N, i<j, k\in\mathcal{K} \tag{8-18}$$

$$t_i+d_i+\delta_{i+1,j}-t_j\leqslant M(3-y_{ij}-z_i^k-\sum_{h=1}^{k}z_j^h),\ i, j\in N, i<j, k\in\mathcal{K} \tag{8-19}$$

$$t_j+d_j+\delta_{j+1,i}-(T+t_i)\leqslant M(2-z_i^k-\sum_{h=k}^{K}z_j^h),\ i, j\in N, j<i, k\in\mathcal{K} \tag{8-20}$$

$$t_i+d_i+\delta_{i+1,j}-(T+t_j)\leqslant M(2-z_i^k-\sum_{h=k}^{K}z_j^h),\ i, j\in N, j<i, k\in\mathcal{K} \tag{8-21}$$

$$t_j+d_j+\delta_{j+1,i}-(T+t_i)\leqslant M(2-z_i^k-\sum_{h=1}^{k}z_j^h),\ i, j\in N, i<j, k\in\mathcal{K} \tag{8-22}$$

$$t_i+d_i+\delta_{i+1,j}-(T+t_j)\leqslant M(2-z_i^k-\sum_{h=1}^{k}z_j^h),\ i, j\in N, i<j, k\in\mathcal{K} \tag{8-23}$$

其中，当搬运作业 i 和搬运作业 j 分别由 k 号和 h 号机器人负责执行且有 $j<i$，$h\geqslant k$ 条件满足时，式（8-16）和式（8-17）严格保证了 k 号机器人和 h 号机器人在运行过程中不会发生碰撞；当搬运作业 i 和搬运作业 j 分别由 k 号和 h 号机器人负责执行且有 $j>i$，$h\leqslant k$ 条件满足时，式（8-18）和式（8-19）表示严格保证了 k 号机器人和 h 号机器人在运行过程中不会发生碰撞。此外，式（8-20）～式（8-23）则确保了 k 和 h 号机器人在完成当前搬运任务后有充足的空驶时间去执行下一个生产周期的搬运作业任务，且在运行过程中不会发生碰撞。

（5）0-1 决策变量约束。

$$z_i^k\in\{0, 1\}, i\in N^0, k\in\mathcal{K} \tag{8-24}$$

$$\mathcal{L}_i \in \{0, 1\}, i \in N^0 \tag{8-25}$$

$$s_i \in \{0, 1\}, i \in N \tag{8-26}$$

$$y_{i,j} \in \{0, 1\}, i, j \in N \tag{8-27}$$

8.3 反例测试验证

以下使用反例来验证上述 MIP 模型所获得的最优解并不是所研究问题的全局最优解或实际最优解这一研究发现。首先假定制造单元呈直线式排列，由 5 个工作站（记为 M_1, $M_2, \cdots, M_5$）组成，共有 2 个机器人负责工件的搬运作业任务，即 n=5，K=2。另外，装载站（记为 M_0）和卸载站（记为 M_6）分别位于制造单元的前端和末端。机器人在工作站 M_i 和 M_j 之间的空驶时间为：$\delta_{i,j}=\delta_{j,i}=\sum_{r=i}^{j-1}\delta_{r,r+1}$，$j>i$，$i, j\in N^0\cup\{n+1\}$。机器人执行搬运作业 i 所需要的时间为：d_i=20+$\delta_{i,i+1}$，$i\in N^0$。最后，不失一般地假定 1 号机器人负责在每个生产周期开始时刻执行搬运作业 0。在上述工作的基础上，表 8-1 给出了工件在各个工作站上的加工处理时间上下界值、各项搬运作业时间及空驶作业时间等数据参数（注：单位为 s）。

表 8-1　验证案例数据参数　　　　（单位：s）

工作站	M_0	M_1	M_2	M_3	M_4	M_5
a_i	—	80	68	75	61	66
b_i	—	126	126	154	104	146
$\delta_{i,i+1}$	9	8	6	4	8	8
d_i	29	28	26	24	28	28

为使用第 8.2 节给出的现有 MIP 模型求解此算例，本章首先使用 C++对其进行了编码，然后结合优化软件 CPLEX 编制了求解算法，最后应用所编制的优化算法对算例进行了求解。图 8-1 给出了现有 MIP 模型所获得的最优生产周期（T=145s）以及相应的机器人搬运作业分配与调度方案。在图 8-1 中，横轴表示生产周期；纵轴表示工作站的排列位置。线条两端的数据分别表示相应作业的开始时间和完成时间。例如，搬运作业 4，它被分配给 1 号机器人来执行，其开始时间是 50s，完成时间是 78s。

由图 8-1 还可以看出，现有 MIP 模型所获得的机器人搬运作业分配与调度方案为：1 号机器人的搬运作业顺序方案是 0—4—2；2 号机器人的搬运作业顺序方案是 1—5—3。

此外，对于本算例，图 8-2 则给出了另外一种可行的且具有更短生产周期的机器人调度方案，即 T=142s。可以看出，图 8-2 给出了与图 8-1 相同的机器人搬运作业分配方案，但是各项搬运作业（搬运作业 0 除外）的开始时间都要早于图 8-1 中所给出的开始时间。综上所述，现有 MIP 模型不能保证为本算例找出最优的生产周期方案。

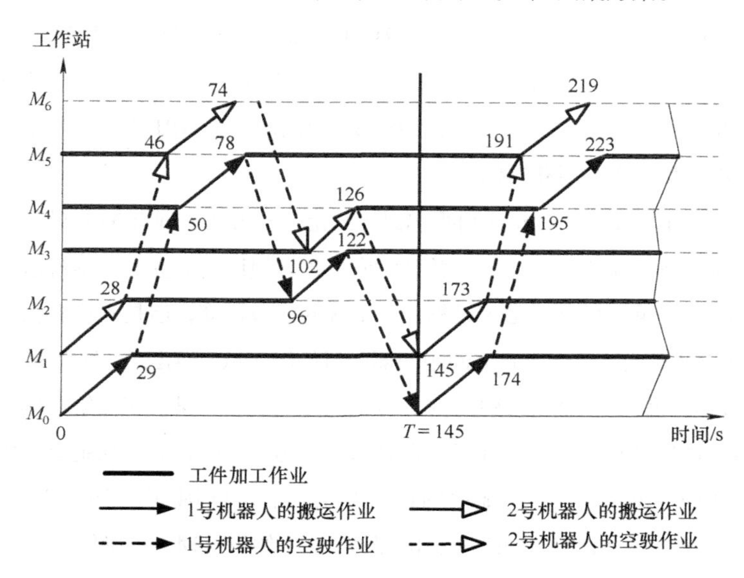

图 8-1　现有 MIP 模型所获得的最优生产周期方案

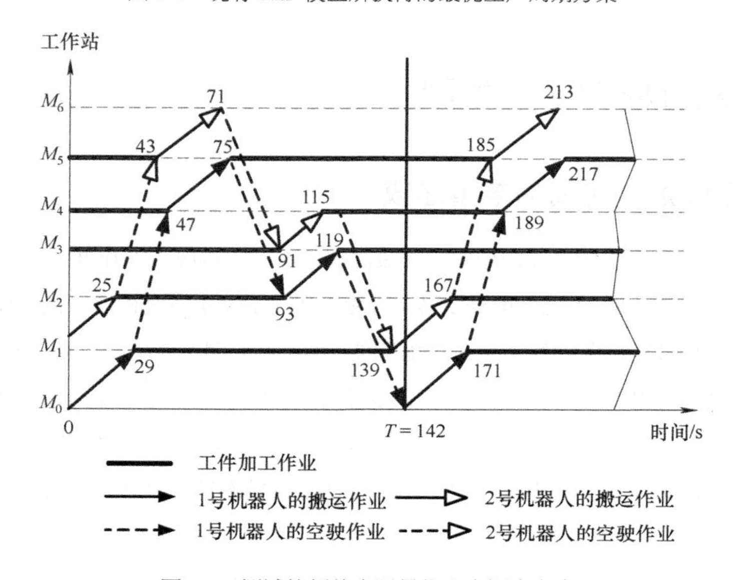

图 8-2　测试算例的实际最优生产调度方案

上述算例测试结果的结论原因分析如下：由约束式（8-6）可知，无论 0-1 变量 $\mathcal{L}_i$ 取何值，都有 $t_i+d_i \leqslant T$ 或 $t_i+d_i<T$ 成立，对于任意 $i \in N^0$。换言之，约束式（8-6）事先假定了每项搬运作业都必须在当前生产周期内开始并且完成，正如图 8-1 所示，所有搬运作业的开始时间和完成时间均小于生产周期 T（T=145s），即 $t_i+d_i<T$，对于任意 $i \in N^0$。但是在图 8-2 中，搬运作业 1 的开始时间是 139s 而完成时间是 167s。由 T=142s 可知，搬运作业 1 开始于当前生产周期内，但是完成于下一个生产周期内。在此需要指出的是，图 8-2 给出的最优生产周期调度方案是由本章后续部分提出的改进 MIP 模型（注：将在第 8.4 节给出其详细建模过程）所获得的。

综上所述，上述案例测试结果可得出以下结论：一方面，现有 MIP 模型是以机器人搬运作业必须在同一生产周期内开始并且完成为基本假设而建立的，尽管这一假设通常会大大简化所研究问题的数学建模过程及其求解的复杂程度，但是不难看出，它也会导致现有 MIP 模型只能够搜索所研究问题的部分可行解区域（换言之，现有 MIP 模型无法做到搜索所求解问题的整个可行解区域），因而其很可能会将某一可行解看作是所求解问题的最优解，即所获得解的最优性无法得到保证。另一方面，通过松弛上述假设约束，即搬运作业（作业 0 除外）的开始时间和完成时间可以分别属于两个相邻的生产周期，并以此为基础建立所研究问题的改进 MIP 模型，这样便可从理论上确保改进 MIP 模型所获得的最优解必定为所研究问题的真正或全局最优解。

8.4 改进现有 MIP 模型

8.4.1 柔性加工时间约束重建模

如前所述，为获得所研究问题的全局最优解，首先，对现有 MIP 模型中的机器人搬运作业约束条件式（8-6）进行重新建模，因为它严格限定了所有机器人执行任意一项搬运作业 i 的开始时间和完成时间都必须是在同一个生产周期 T 内，即 $t_i+d_i \leqslant T$，$\forall i \in N^0$。如前分析，机器人执行某项搬运作业的开始时间和完成时间不必全部都限定在同一个生产周期 T 内。也就是说，机器人 k（$\forall k \in \mathcal{K}$ 且 $k \neq 1$）可跨周期执行某项搬运作业 i（$\forall i \in N$），即有 $t_i<T$ 且 $t_i+d_i>T$ 成立。综上所述，为满足机器人能够跨周期执行搬运作业的要求，式（8-6）需由以下公式代替：

$$t_i+(d_i+\delta_{i+1,0})\mathcal{L}_i \leqslant T,\ i \in N^0 \tag{8-28}$$

由式（8-28）不难看出，只有当搬运作业 i 成为 1 号机器人的最后一项搬运任务时（即 $\mathcal{L}_i=1$ 时），其开始时间和完成时间才同属于一个生产周期 T 内；否则（即 $\mathcal{L}_i=0$ 时），式（8-28）只限定了搬运作业 i 的开始时间是在当前生产周期 T 内，而并没有直接限定其完成时间是否属于同一个生产周期，该项约束建模工作将在后续部分得到进一步完善。

其次，由于现有 MIP 模型事先假定了机器人必须在生产周期 T 内开始执行并完成所有搬运作业，即式（8-6），工件在工作站 M_i（$\forall i\in N$）中的柔性加工时间约束建模工作只需要考虑两种情况，即在周期开始时刻工作站 M_i 处于空闲状态（$s_i=0$）和处于被占用状态（$s_i=1$）；并以此为基础，建立了工件在各个工作站上的柔性加工时间约束式（8-9）～式（8-12）。综上所述，为确保机器人能够跨周期执行搬运作业，以下对现有 MIP 模型中的工件柔性加工时间约束，即式（5-9）～式（5-12）进行重新建模。图 8-3 给出了柔性加工时间约束重新建模工作需要考虑的四种不同情况，分别表示为 case(1)、case(2)、case(3) 以及 case(4)。由图 8-3 可以看出，case(1)和 case(2)二者的相同之处在于搬运作业 $i-1$ 在生产周期 T 内开始并完成，它们的主要区别在于前者表示工作站 M_i（$i\in N$）在周期开始时刻处于空闲状态，而后者表示工作站 M_i（$i\in N$）在周期开始时刻处于被工件占用的状

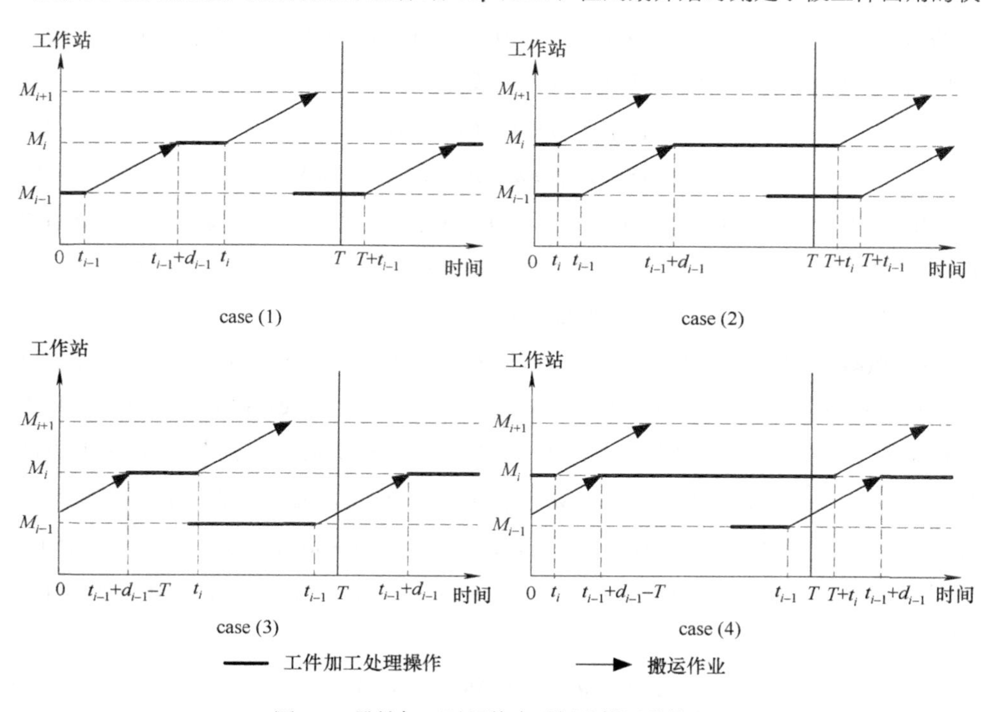

图 8-3　柔性加工时间约束重新建模四种情况

态。与之相反，case(3)和 case(4)则表示了搬运作业 $i-1$ 在生产周期 T 内开始但其完成时间却在下一个生产周期，以及分别表示了工作站 M_i（$i\in N$）在周期开始时间处于空闲和被占用的状态。

由以上叙述可知，Leung 等人[69]（注：现有 MIP 模型的提出者）只考虑了图 8-3 中的 case(1)和 case(2)两种情况，而并没有考虑机器人跨周期执行搬运作业条件下的 case(3)和 case(4)两种情况。综上所述，下面以上述四种不同情况为基础对工件的柔性加工时间约束进行重新建模：

为便于所研究问题的数学建模，定义以下变量：

w_i：0-1 变量，$\forall\, i\in N^0$。如果搬运作业 i 是在同一个生产周期内开始并且结束，即 $t_i<T$ 且 $t_i+d_i\leqslant T$，那么有 $w_i=0$；否则，有 $w_i=1$，其表示搬运作业 i 的开始时间和完成时间分别属于两个相邻的生产周期，即 $t_i<T$ 且 $t_i+d_i>T$。此外，不难理解，有 $w_0=0$。

case(1)：$s_i=0$ 且 $w_{i-1}=0$，其表示工作站 M_i 在周期开始时刻处于空闲状态以及搬运作业 $i-1$ 在同一生产周期内开始并完成。由图 8-3 中的 case(1)可以看出，工件在工作站 M_i 上的加工处理工序开始时间是时刻 $t_{i-1}+d_{i-1}$，其结束时间是时刻 t_i。由此可知，工件在工作站 M_i 上的实际加工处理时间可表示为 $t_i-(t_{i-1}+d_{i-1})$。综上分析，当有 $s_i=0$ 且 $w_{i-1}=0$ 时，工件在工作站 M_i 上的柔性加工时间约束可建模为

$$t_i-(t_{i-1}+d_{i-1})\leqslant b_i+M(s_i+w_{i-1}),\quad \forall\, i\in N \tag{8-29}$$

$$t_i-(t_{i-1}+d_{i-1})\geqslant a_i-M(s_i+w_{i-1}),\quad \forall\, i\in N \tag{8-30}$$

由式（8-29）和式（8-30）可知，只有当 $s_i=0$ 且 $w_{i-1}=0$ 条件满足时，才有 $a_i\leqslant t_i-(t_{i-1}+d_{i-1})\leqslant b_i$ 成立，即满足了柔性加工时间上下限的要求；否则，有 $-M\leqslant t_i-(t_{i-1}+d_{i-1})\leqslant M$ 恒成立（注：在此可将 $-M$ 和 M 分别视为负无穷大和正无穷大的实数）。

case(2)：$s_i=1$ 且 $w_{i-1}=0$，其表示工作站 M_i 在周期开始时间处于被工件占用的状态以及搬运作业 $i-1$ 在同一生产周期内开始并完成。由图 8-3 中的 case(2)可以看出，工件在工作站 M_i 上的实际加工处理时间横跨了两个相邻的生产周期，即工件在当前生产周期的时刻 $t_{i-1}+d_{i-1}$ 被机器人搬入到工作站 M_i 上进行处理，但是其加工处理任务的完成时间却是在下一个生产周期的时刻 $T+t_i$。由此可知，工件在工作站 M_i 上的实际加工处理时间可表示为 $T+t_i-(t_{i-1}+d_{i-1})$。综上分析，当有 $s_i=1$ 且 $w_{i-1}=0$ 时，工件在工作站 M_i 上的柔性加工时间约束可建模为

$$T+t_i-(t_{i-1}+d_{i-1})\leqslant b_i+M(1-s_i+w_{i-1}),\quad \forall\, i\in N \tag{8-31}$$

$$T+t_i-(t_{i-1}+d_{i-1})\geqslant a_i-M(1-s_i+w_{i-1}),\quad \forall\, i\in N \tag{8-32}$$

case(3)：s_i=0 且 w_{i-1}=1，其表示工作站 M_i 在周期开始时间处于空闲状态以及搬运作业 $i-1$ 的开始时间和完成时间不在同一个生产周期。由图 8-3 中的 case(3)可以看出，机器人执行搬运作业 $i-1$ 的开始时间是当前生产周期的时刻 t_{i-1}，其完成时间则是下一个生产周期的时刻 $t_{i-1}+d_{i-1}$（$t_{i-1}+d_{i-1}>T$）。因此，工件在工作站 M_i 上的加工处理工序开始时间也就是当前生产周期的时刻 $t_{i-1}+d_{i-1}-T$，其结束时间是时刻 t_i。综上分析，工件在工作站 M_i 上的实际加工处理时间可表示为 $t_i-(t_{i-1}+d_{i-1}-T)$。因此，当有 s_i=0 且 w_{i-1}=1 时，工件在工作站 M_i 上的柔性加工时间约束可建模为

$$t_i-(t_{i-1}+d_{i-1}-T)\leqslant b_i+M(1-w_{i-1}+s_i),\quad \forall\, i\in N \tag{8-33}$$

$$t_i-(t_{i-1}+d_{i-1}-T)\geqslant a_i-M(1-w_{i-1}+s_i),\quad \forall\, i\in N \tag{8-34}$$

case(4)：s_i=1 且 w_{i-1}=1，其表示工作站 M_i 在周期开始时间处于被工件占用的状态，以及搬运作业 $i-1$ 的开始时间和完成时间不在同一个生产周期。由图 8-3 中的 case(4)可以看出，工件在工作站 M_i 中的实际加工处理时间和机器人执行搬运作业 $i-1$ 的时间都横跨了两个相邻的生产周期。综上分析，工件在工作站 M_i 上的实际加工处理时间可表示为 $T+t_i-(t_{i-1}+d_{i-1}-T)$。因此，当有 s_i=1 且 w_{i-1}=1 时，工件在工作站 M_i 上的柔性加工时间约束可建模为

$$T+t_i-(t_{i-1}+d_{i-1}-T)\leqslant b_i+M(2-w_{i-1}-s_i),\quad \forall\, i\in N \tag{8-35}$$

$$T+t_i-(t_{i-1}+d_{i-1}-T)\geqslant a_i-M(2-w_{i-1}-s_i),\quad \forall\, i\in N \tag{8-36}$$

基于上述工作可知，式（8-29）~式（8-36）能够确保工件在各个工作站上的实际处理时间不会小于预先设定的最小值并且也不会大于预先设定的最大值。此外，不难看出，如果给定 w_{i-1}=0（$i\in N$），那么上述建立的柔性加工时间约束式（8-29）~式（8-36）将直接等同于现有 MIP 模型中的柔性加工时间约束式（8-9）~式（8-12）。

如前所述，在现有 MIP 模型中，约束式（8-13）保证了当 s_i=1 时，两个加工顺序相邻的工件在使用工作站 M_i 的过程中不会发生冲突。换言之，为确保机器人在将现有工件搬离工作站 M_i 的同时不会发生其他机器人正在将下一个工件搬入到工作站 M_i 之上，约束式（8-13）在二者之间设置了一定的时间间隔ε。综上所述，为满足机器人能够跨周期执行搬运作业的要求，本章接下来对约束式（8-13）进行重新建模。为此，定义以下变量：

λ_i：机器人将工件从工作站 M_i 中搬离至工作站 M_i 的正上方所需要花费的时间，$i\in N$。

ρ_i：机器人将工件从工作站 M_i 的正上方搬入到工作站 M_i 上所需要花费的时间，$i\in N$。

由图 8-3 中的 case(2)可知，机器人在时刻 t_i 开始将工件搬离工作站 M_i，其完成时间是时刻 $t_i+\varepsilon_i$。此外，还可知，机器人在时刻 $t_{i-1}+d_{i-1}-\rho_i$ 开始将工件从工作站 M_i 的正上方

搬入到工作站 M_i 中，其完成时间是时刻 $t_{i-1}+d_{i-1}$。综上分析，当有 s_i=1 且 w_{i-1}=0 时，为确保任意两个相邻的工件在使用工作站 M_i 的过程中不会发生冲突，下式必须成立：

$$t_i+\lambda_i-(t_{i-1}+d_{i-1}-\rho_i)\leqslant M(1-s_i+w_{i-1}),\quad \forall\, i\in N \tag{8-37}$$

同理，如果机器人跨周期执行搬运作业 $i-1$，如图 8-3 中 case(3)和 case(4)所示，以下各式必须成立：

$$t_i+\lambda_i-(t_{i-1}+d_{i-1}-\rho_i)\leqslant M(1-w_{i-1}+s_i),\quad \forall\, i\in N \tag{8-38}$$

$$t_i+\lambda_i-(t_{i-1}+d_{i-1}-\rho_i-T)\leqslant M(2-s_i-w_{i-1}),\quad \forall\, i\in N \tag{8-39}$$

由上述公式不难得知，现有 MIP 模型只考虑了 case(2)，而并没有考虑 case(3)和 case(4)这两种情况。如果给定 w_{i-1}=0（$i\in N$）而且令$\varepsilon=\lambda_i+\rho_i$，那么式（8-37）将会等价于现有 MIP 模型中的式（8-13）。另外，对于 case(1)来说，由于柔性加工时间的因素，机器人在将两个相邻工件先后搬入到工作站 M_i 的过程中间有着充足的时间间隔（a_i 通常远大于 $\lambda_i+\rho_i$ 的值），也就是说，这两项活动之间实际上不会发生冲突，因而不需要对此种情况进行数学建模。

此外，由于在上述建模过程中引入了新的决策变量 w_i，以下各式也需成立：

$$t_i<T,\quad \forall\, i\in N \tag{8-40}$$

$$t_i+d_i\leqslant T+Mw_i,\quad \forall\, i\in N \tag{8-41}$$

$$t_i+d_i>T-M(1-w_i),\quad \forall\, i\in N \tag{8-42}$$

$$w_i+z_i^1\leqslant 1,\quad \forall\, i\in N^0 \tag{8-43}$$

$$w_i\in\{0,1\},\quad \forall\, i\in N^0 \tag{8-44}$$

其中，式（8-40）保证了机器人必须在生产周期 T 内开始执行搬运作业 i。此外，式（8-40）和式（8-42）也确保了当 w_i=1 时，机器人执行搬运作业 i 的开始时间是在当前生产周期但其结束时间是在下一个生产周期。与之相反，式（8-40）和式（8-41）则确保了当 w_i=0 时，机器人必须在同一个生产周期内开始并且完成搬运作业 i。式（8-43）则进一步规定了如果将搬运作业 i 分配给了 1 号机器人来执行（即 z_i^1=1），那么搬运作业 i 的开始时间和完成时间就不可能属于两个不同的生产周期（即 w_i=0），这是因为在每个生产周期的开始时刻，1 号机器人首先负责将新工件搬入到制造单元，然后再去执行其他搬运任务，直到最后一项搬运作业执行结束后再最终返回到装载站，以便执行下一个生产周期的新工件搬运任务。由此可知，1 号机器人的所有搬运作业都是在同一个生产周期 T 内开始并且完成的。因此，如果有 z_i^1=1，那么就肯定有 w_i=0。

最后，为便于利用优化软件 CPLEX 对上述约束式（8-40）和式（8-42）进行编码与求解，将上述两式写成以下形式：

$$t_i+\varepsilon\leqslant T,\quad \forall\, i\in N \tag{8-45}$$

$$t_i+d_i\geqslant T+\varepsilon-M(1-w_i),\quad \forall\, i\in N \tag{8-46}$$

8.4.2　机器人碰撞避免约束重建模

接下来，我们对现有 MIP 模型中的其他类型约束条件进行重新建模。首先，由约束式（8-6）及式（8-28）可知，1 号机器人在完成其最后一项搬运任务后必须要在生产周期结束之前返回到装载站，以便执行下一个生产周期的第一项搬运作业。此外，如前所述，机器人在任意两个工作站之间的空驶时间具有欧氏距离的特点。综上分析，约束式（8-6）与式（8-28）中变量 $\mathcal{L}_i$ 的使用是不必要的，它的作用可由变量 z_i^1 代替。综上所述，须用式（8-47）替换现有 MIP 模型中的约束式（8-6）及约束式（8-28）：

$$t_i+(d_i+\delta_{i+1,0})\,z_i^1\leqslant T,\ i\in N^0 \tag{8-47}$$

上述约束表明了由 1 号机器人负责执行的所有搬运作业都在同一个生产周期内开始且完成，即若$\exists\, z_i^1=1$，对于 $i\in N^0$，则有 $t_i+d_i+\delta_{i+1,0}\leqslant T$ 成立，此不等式也经常用于单机器人调度问题的数学建模中。由上述可知，现有 MIP 模型使用变量 $\mathcal{L}_i$ 对 1 号机器人的最后一项搬运作业进行界定是没有必要的。因此，约束式（8-2）~式（8-5）、式（8-25）以及式（8-28）便可以从现有 MIP 模型中剔除。

其次，现有 MIP 模型以任意两项搬运作业编号的大小关系以及相应的搬运机器人编号大小关系为理论分析基础，建立了八个不等式约束来避免机器人在行驶过程中不会发生碰撞冲突，它们是约束式（8-16）~式（8-23）。下面我们使用理论分析与举例验证相结合的方式来证明约束式（8-16）、式（8-17）、式（8-20）、式（8-21）与约束式（8-18）、式（8-19）、式（8-22）、式（8-23）是等价的，它们之间是可以相互转化的。换言之，约束式（8-16）、式（8-17）、式（8-20）、式（8-21）或约束式（8-18）、式（8-19）、式（8-22）、式（8-23）需要从现有 MIP 模型中剔除。

首先，对于任意一对搬运作业（i, j），假定搬运作业 i 和 j 分别由 k 号机器人和 h 号机器人负责执行。另外，不失一般地，令字母 i 表示编号大的搬运作业，令字母 j 表示编号小的搬运作业，即 $i>j$。例如，对于搬运作业 2 和搬运作业 4，令 $i=4$ 和 $j=2$。如前所述，由于工件的加工顺序与工作站的排列顺序是一致的，因此不难理解，对于搬运作业（i, j），机器人 k 和 h 只有在运行区域重叠的情况下才会发生冲突，即 $k<h$，且 $i>j$。换言之，若有 $k>h$，且 $i>j+1$，则机器人 k 和 h 在执行搬运作业 i 和 j 的过程中不会发生碰撞冲突。此外，如果有 $k>h$ 且 $i=j+1$，那么约束式（8-37）～式（8-39）确保了机器人 k 和 h 在运行过程中不会发生冲突。

综上可知，机器人碰撞避免约束的重建模工作只需要考虑 $k<h$ 且 $i>j$ 这一种情况即可。由 $k<h$ 且 $i>j$ 不难看出，机器人 k 和 h 在执行搬运作业 i 和 j 过程中会经过部分相同的运行区域，因此会发生碰撞冲突。由此可知，只要确保机器人 k 和 h 不在同一时刻经过相同的运行区域便可避免它们之间发生碰撞冲突。换言之，只有搬运作业 i 的完成时间早于搬运作业 j 的开始时间，或者搬运作业 i 在搬运作业 j 完成之后再开始，才能有效避免 k 和 h 在运行过程不会发生碰撞。首先，如果搬运作业 j 在搬运作业 i 完成之后才开始，那么不难得知，搬运作业 i 的完成时刻是 t_i+d_i，以及机器人 k 通过工作站 M_j 的时间是 $t_i+d_i+\delta_{i+1,\ j}$。另外，由于机器人 h 开始执行搬运作业 j 的时间是 t_j，为确保机器人 k 和 h 之间不会发生碰撞冲突，机器人 k 通过工作站 M_j 的时间必须早于搬运作业 j 的开始时间。综上所述，要求下式成立：

$$t_i+d_i+\delta_{i+1,\ j}\leqslant t_j,\quad \forall\, k\leqslant h,\ i>j,\ i,\ j\in N,\ h,\ k\in \mathcal{K} \tag{8-48}$$

如果搬运作业 i 在搬运作业 j 完成之后才开始，那么为了避免机器人 k 和 h 之间发生碰撞冲突，要求下式成立：

$$t_j+d_j+\delta_{j+1,\ i}\leqslant t_i,\quad \forall\, k\leqslant h,\ i>j,\ i,\ j\in N,\ h,\ k\in \mathcal{K} \tag{8-49}$$

此外，如果搬运作业 i 和 j 分别属于两个相邻的生产周期，那么为了确保机器人 k 和 h 之间不会发生碰撞冲突，要求以下各式成立：

$$t_j+d_j+\delta_{j+1,\ i}\leqslant T+t_i,\quad \forall\, k\leqslant h,\ i>j,\ i,\ j\in N,\ h,\ k\in \mathcal{K} \tag{8-50}$$

$$t_i+d_i+\delta_{i+1,\ j}\leqslant T+t_j,\quad \forall\, k\leqslant h,\ i>j,\ i,\ j\in N,\ h,\ k\in \mathcal{K} \tag{8-51}$$

由上述工作可知，约束式（8-48）～式（8-51）确保了任意两个机器人 k 和 h 在分别执行任意两项搬运作业 i 和 j 的过程中不会发生碰撞冲突。此外，通过将前面定义的 0-1 决策变量加入到上述约束式（8-48）～式（8-51）中，便可得到现有 MIP 模型中的机器人碰撞避免约束式（8-16）、式（8-17）、式（8-20）及式（8-21）。由此可知，现有 MIP 模型中的约束式（8-16）、式（8-17）、式（8-20）及式（8-21）完全可以确保任意两个机器人 k 和 h 在分别执行任意两项搬运作业 i 和 j 的过程中不会发生碰撞冲突，因此另外的四个机器人碰撞避免约束式（8-18）、式（8-19）、式（8-22）及式（8-23）是没有必要的，可以从模型中剔除。

下面，我们举例验证上述机器人碰撞避免约束理论分析与重建模过程。以图 8-1 中的搬运作业 3 和搬运作业 4 为例。可以看出，制造单元中总共有 2 个（K=2）机器人负责工件在工作站之间的搬运任务，而且有 $z_3^1=0$、$z_3^2=1$、$z_4^1=1$ 以及 $z_4^2=0$。由上述决策变量取值可知，搬运作业 3 被分配给 2 号机器人来执行，搬运作业 4 被分配给 1 号机器人来执行。由图 8-1 还可以得知，$y_{3,4}=0$ 和 $y_{4,3}=1$，其表明了 2 号机器人是在 1 号机器人完成搬运作业 4 之后才开始执行搬运作业 3。如前所述，现有 MIP 模型使用八个不等式约束来确保机器人 k 和 h 分别在执行任意两项搬运作业 i 和 j 的过程中不会发生碰撞冲突，这 8 个不等式约束按照机器人编码大小关系与搬运作业编码大小关系可分为 $i>j$ 且 $k\leqslant h$，其对应约束式（8-16）、式（8-17）、式（8-20）、式（8-21）和 $i<j$ 且 $k\geqslant h$，其对应约束式（8-18）、式（8-19）、式（8-22）、式（8-23）两种类型。因此，首先令 $i=4$ 和 $j=3$，然后将决策变量 $y_{3,4}=0$、$y_{4,3}=1$、$z_3^1=0$、$z_3^2=1$、$z_4^1=1$ 以及 $z_4^2=0$ 代入到第一类机器人碰撞避免约束式（8-16）、式（8-17）、式（8-20）及式（8-21）中，可得到以下各式：

$$t_4+d_4+\delta_{5,3}\leqslant t_3 \tag{8-52}$$

$$t_4+d_4+\delta_{5,3}\leqslant T+t_3 \tag{8-53}$$

$$t_3+d_3+\delta_{4,4}\leqslant T+t_4 \tag{8-54}$$

其次，通过令 $i=3$ 和 $j=4$ 并将上述提到的 0-1 决策变量的值代入到第二类机器人碰撞避免约束式（8-18）、式（8-19）、式（8-22）及式（8-23）中，将会得到与式（8-52）~式（8-54）完全相同的不等式。因此，可得出以下结论：以 $i>j$ 且 $k\leqslant h$ 为基础建立的机器人碰撞避免约束式（8-16）、式（8-17）、式（8-20）及式（8-21）和以 $i<j$ 且 $k\geqslant h$ 为基础建立的机器人碰撞避免约束式（8-18）、式（8-19）、式（8-22）及式（8-23）二者在本质上是完全相同或者说是等价的。基于上述理论分析与举例验证结果，机器人碰撞避免约束式（8-18）、式（8-19）、式（8-22）及式（8-23）可从模型中剔除。

综上所述，不难看出上述重建模工作使得本章提出的改进 MIP 模型进一步得到了简化，也变得更为紧凑，同时也减少了决策变量的数量。

8.4.3　改进 MIP 模型

以上述工作为基础，本章为所研究的柔性自动化制造单元多机器人周期性调度问题提出的改进 MIP 模型如下：

$$\text{Min. } T$$

s.t.

机器人分配约束及周期性约束：式（8-1）、式（8-7）、式（8-8）以及式（8-47）

工件柔性加工时间约束：式（8-29）~式（8-39）

机器人搬运能力约束：式（8-14）、式（8-15）

机器人碰撞避免约束：式（8-16）、式（8-17）、式（8-20）以及式（8-21）

搬运作业跨周期约束：式（8-41）、式（8-43）、式（8-45）以及式（8-46）

0-1 决策变量约束：式（8-24）、式（8-26）、式（8-27）以及式（8-44）

在此需要指出的是，为便于在后续实验部分将所提出的改进 MIP 模型与现有 MIP 模型进行比较，本章在上述约束重建模过程中假定了机器人的宽度为 0，因此没有考虑机器人之间的必要安全距离。但是，只要对上述改进 MIP 模型中的相关约束进行微小改动便可满足考虑机器人的安全距离这一要求。具体操作过程如下：首先，定义β表示相邻两个机器人之间的最小距离。其次，为简化数学建模工作，令β的取值等于机器人的宽度除以它的行驶速度，单位为 s。最后，假如需要在机器人碰撞避免约束式（8-16）中考虑机器人之间的安全行驶距离，则可将其写成以下形式：

$$t_i + d_i + \delta_{i+1,j} + (\sum_{h=k}^{K} hz_j^h - kz_i^k)\beta - t_j \leqslant M(3 - y_{ij} - z_i^k - \sum_{h=k}^{K} z_j^h),\ i, j \in N, j<i, k \in \mathcal{K} \quad (8\text{-}55)$$

在式（8-55）中，如果有 $z_i^k = 1$ 和 $\sum_{h=k}^{K} z_j^h = 1\ (h \geqslant k)$成立，其分别表示 k 号机器人负责执行搬运作业 i，h 号机器人负责执行搬运作业 j，那么为了安全起见，k 号机器人和 h 号机器人在行驶过程中的最小安全距离就可以表示为 $(\sum_{h=k}^{K} hz_j^h - kz_i^k)\beta = (h-k)\beta$。最后，通过上述类似方法对其他机器人碰撞避免约束式（8-17）、式（8-20）、式（8-21）以及式（8-37）~式（8-39）进行修改，便可确保任意两个相邻机器人之间保持一定的最小安全行驶距离。

8.5 算例验证与评价

本节使用多个基准案例和大量随机生成算例对上述提出的改进 MIP 模型进行有效性验证与评价，并且与现有 MIP 模型的测试结果进行对比分析。改进 MIP 模型与现有 MIP 模型都使用优化软件 CPLEX 的 MIP 优化器（注：此优化器主要采用分支切割算法求解混合整数规划问题）进行求解，因此分别使用 C++语言编码实现了相应的模型与求解算法。

8.5.1 基准案例验证

在基准案例测试与对比环节，我们使用经典文献中的五个基准案例对上述部分提出的改进 MIP 模型进行有效性验证，并将改进 MIP 模型与现有 MIP 模型进行了对比。这五个基准案例[10][12][69]分别为 BO1、BO2、Phillips & Unger (P&U)、Ligne1 以及 Ligne2。在上述基准案例中，工件的加工顺序是与制造单元中工作站的排列顺序相一致的。

首先，表 8-2 给出了使用上述多个基准案例（注：K 表示案例中搬运机器人的使用数量）对第 8.4.2 小节中的约束重建模与简化工作进行有效性验证的测试结果。其中，部分改进 MIP 模型与（完全）改进 MIP 模型的主要区别是前者继续使用了现有 MIP 模型中的约束式（8-2）~式（8-5）、式（8-25）与修改后的约束式（8-28）以及机器人碰撞避免约束式（8-16）~式（8-23）。因此就不难理解，使用部分改进 MIP 模型与改进 MIP 模型求解同一个基准案例必定会获得相同的最优解。另外，在表 8-2 中，“B&B”是指 CPLEX 的 MIP 优化器依据所使用的 MIP 模型在求解具体案例的过程中所构造的分支定界树的规模大小（注：分支定界树的规模大小以生成树中节点的数量为衡量标准），“CPU”是指 MIP 模型求解完毕具体案例所需要的时间（注：单位为 s）。从表 8-2 给出的各项数据可以看出，与部分改进 MIP 模型相比，改进 MIP 模型绝大多数情况下能够在更短时间

表 8-2　基准案例测试部分改进 MIP 模型与（完全）改进 MIP 模型对比结果

基准案例	部分改进 MIP 模型		改进 MIP 模型	
	B&B	CPU/s	B&B	CPU/s
BO1(K=2)	1928	1.03	708	0.44
BO1(K=3)	952	1.38	612	0.55
BO1(K=4)	283	0.81	1544	1.27
BO2(K=2)	1421	0.89	572	0.44
BO2(K=3)	1925	2.25	60	0.38
BO2(K=4)	151	0.78	1556	1.99
P&U(K=2)	43759	21.44	27086	9.94
P&U(K=3)	60081	45.88	29279	14.84
P&U(K=4)	2147	5.92	4776	4.77
Ligne1(K=2)	2419	2.47	3107	1.70
Ligne1(K=3)	3049	3.03	1513	1.02
Ligne1(K=4)	1939	2.38	2487	2.44
Ligne2(K=2)	2488	1.89	1501	1.08
Ligne2(K=3)	1200	2.53	1666	1.44
Ligne2(K=4)	1387	2.97	2040	2.13

内求解完毕各个基准案例，尽管它有可能在求解过程中构造了更大规模的分支定界树。综上所述，上述各项测试结果验证了第 8.4.2 节部分中各类型约束重建模与简化工作的有效性与正确性。

其次，表 8-3 给出了分别使用改进 MIP 模型与现有 MIP 模型求解各个基准案例的对比测试结果。其中，斜线（/）两边的数字分别表示使用现有 MIP 模型与改进 MIP 模型求解具体基准案例所获得的最优解（即生产周期 T）。另外，带有星号（*）标记的数字表示改进 MIP 模型所获得的最优解具有机器人跨周期执行搬运作业的特征。换言之，在没有星号（*）标记的最优生产调度方案中，机器人执行搬运作业的开始与完成时间都是在同一个生产周期之内。由表 8-3 可以看出，对于除了 P&U（K=3）以外的各个基准案例来说，改进 MIP 模型与现有 MIP 模型获得了相同的最优解，尽管前者给出的最优解具有机器人跨周期执行搬运作业的特征。对于基准案例 P&U（K=3）来说，现有 MIP 模型给出的最优生产周期为 C=205s，而本章提出的改进 MIP 模型给出的最优生产周期为 T=198s，相比前者，改进 MIP 模型将生产效率直接提升了 3.4%。尽管这一提升量相对比较小，但是如果在较长的时间段内实施多个生产周期方案，不难看出改进 MIP 模型相比现有 MIP 模型所获得的生产效率将会有一个显著的累计提升量。

表 8-3　基准案例测试现有 MIP 模型与改进 MIP 模型对比结果　（单位：s）

基准案例	K=2	K=3	K=4
BO1	255.2/255.2*	255.2/255.2	255.2/255.2*
BO2	255.2/255.2	255.2/255.2*	255.2/255.2
P&U	251/251*	205/198*	170/170
Ligne1	317.5/317.5	317.5/317.5	317.5/317.5*
Ligne2	675/675	675/675*	675/675*

最后，由表 8-3 还可以看出，对于基准案例 BO1（K=2,3,4）、BO2（K=2,3,4）、Ligne1（K=2,3,4）以及 Ligne2（K=2,3,4）来说，在机器人使用数量由 2 个增加到 3 个以及 4 个的情况下，改进 MIP 方法或者现有 MIP 方法所获得的最优生产周期都是相同的，也就是说，增加机器人的使用数量没有进一步提升生产效率。上述实验结果的理论分析如下：不难理解，多机器人（$K\geqslant 2$）搬运作业调度与优化问题最优生产周期 T 理论上的下界值（即最小值）可通过以下公式计算得到（注：通过此种方法获得的 T 的下界值不一定为具体调度问题的可行解）：

$$T \geqslant \operatorname*{Max}_{i\in N}(a_i + \lambda_i + \rho_i) \tag{8-56}$$

由式（8-56）可知，最优生产周期 T 必须要大于或者等于工件在任意工作站 M_i 上的处理时间下限值 a_i 及其装载时间 ρ_i 与卸载时间 λ_i 之和，$i \in N$。换言之，最优生产周期 T 的最小值必须要大于或者等于 a_i、ρ_i、λ_i 三者之和的最大值。因此，对于基准案例 BO1、BO2、Ligne1 以及 Ligne2，当 K=2 时，通过使用式（8-56）计算可知道，现有 MIP 方法与改进 MIP 方法均已获得了生产周期 T 理论上的最小值(即表 8-3 给出的最优生产周期)。因而当 K 的值由 2 增加到 3 和 4 时，两种 MIP 方法都不可能再获得比理论下界值更小的生产周期。换言之，对于上述基准案例（$K \geqslant 2$），制约生产效率进一步提升的关键因素已经并非是负责工件搬运任务的机器人，而是负责工件加工任务的各个工作站。

8.5.2　随机生成算例验证

为进一步对所提出的改进 MIP 模型进行验证与评价，设计如下随机生成算例测试方案：首先，设置自动化制造单元中机器人的数量为 $K \in \{2,3,4\}$，工作站的数量为 $n \in \{8,10,12,14\}$。其次，为有效生成工件在各个工作站上的柔性加工时间上下界值以及机器人的行驶时间等参数，令 $U(a, b)$ 表示在参数 a 和 b 之间服从均匀分布的函数。以上述工作为基础，工件在工作站 M_i 上的柔性加工时间下界值为：$a_i = U(50, 200)$，$1 \leqslant i \leqslant n$。再次，为比较全面地验证与评价所提出的改进 MIP 模型，设计如下三种不同形式的柔性加工时间上界值（即 b_i）生成方案：$b_i = a_i$，$b_i = a_i + U(0, 50)$ 以及 $b_i = a_i + U(0, 100)$，$1 \leqslant i \leqslant n$。再次，机器人在相邻两个工作站 M_i 和 M_{i+1} 之间的空驶时间参数为：$\delta_{i,\,i+1} = U(2, 6)$，$0 \leqslant i \leqslant n$。以此为基础，机器人在任意两个工作站 M_i 和 M_j 之间的空驶时间参数为：$\delta_{i,j} = \delta_{j,i} = \sum_{m=i}^{j-1} \delta_{m,m+1}$，$i<j$，$i, j \in N^0 \cup \{n+1\}$。此外，机器人执行搬运作业 i 所需要花费的时间为：$d_i = 25 + \delta_{i,\,i+1}$，$i \in N^0$（注：$\rho_i + \lambda_i = 25$，$i \in N$）。最后，对每一组给定取值的 n 和 K，一次生成 20 个随机算例用于改进 MIP 模型的测试与评价工作。

首先，表 8-4、表 8-5 以及表 8-6 分别给出了当 $b_i = a_i$、$b_i = a_i + U(0, 50)$ 以及 $b_i = a_i + U(0, 100)$ 时，利用随机生成算例测试部分改进 MIP 模型与（完全）改进 MIP 模型的对比结果。对于每一组给定取值的 n 和 K，表格中的指标“B&B”和“CPU”分别用于表示具体 MIP 模型为求解 20 个随机生成算例所要遍历的分支定界树节点个数（注：通常以分支定界树中的节点个数代表树的规模大小）的平均值以及所花费的求解时间的平均值。另外，指标“CPU 比率”为部分改进 MIP 模型与（完全）改进 MIP 模型的“CPU”值之比。

表 8-4　随机生成算例 $b_i=a_i$ 计算时间对比结果

随机生成算例	部分改进 MIP 模型		（完全）改进 MIP 模型		CPU 比率
	B&B	CPU/s	B&B	CPU/s	
n=8，K=2	1375	0.49	1075	0.31	1.58
n=8，K=3	1192	0.69	980	0.44	1.57
n=8，K=4	1337	0.99	984	0.48	2.06
n=10，K=2	3994	1.88	3382	1.26	1.49
n=10，K=3	5410	4.52	4783	2.44	1.85
n=10，K=4	3671	3.89	3121	1.96	1.99
n=12，K=2	6983	4.89	6514	3.11	1.57
n=12，K=3	12449	11.30	8504	4.72	2.39
n=12，K=4	5554	8.69	4947	3.95	2.20
n=14，K=2	11138	9.27	8753	5.05	1.84
n=14，K=3	51413	43.58	20324	11.15	3.91
n=14，K=4	263390	288.25	18562	11.38	25.33

表 8-5　随机生成算例 $b_i=a_i+U(0, 50)$ 计算时间对比结果

随机生成算例	部分改进 MIP 模型		（完全）改进 MIP 模型		CPU 比率
	B&B	CPU/s	B&B	CPU/s	
n=8，K=2	1368	0.53	857	0.31	1.71
n=8，K=3	1592	0.89	1612	0.64	1.39
n=8，K=4	1209	0.94	1051	0.56	1.69
n=10，K=2	6028	2.91	5129	1.77	1.64
n=10，K=3	7252	5.92	6103	2.83	2.09
n=10，K=4	4283	4.39	4165	2.34	1.88
n=12，K=2	18644	9.40	15309	5.14	1.83
n=12，K=3	39609	24.19	27505	10.20	2.37
n=12，K=4	6844	9.21	13697	6.56	1.40
n=14，K=2	39998	23.63	34652	13.37	1.77
n=14，K=3	203217	150.39	112123	43.39	3.47
n=14，K=4	674087	696.77	128213	50.15	13.89

其次，从表 8-4 给出的数据结果可以看出，对于求解不同规模的随机生成算例，（完全）改进 MIP 模型在“B&B”和“CPU”两个指标方面均要优于部分改进 MIP 模型。另外，在表 8-5 和表 8-6 给出的数据结果中，可以看出只有在求解个别规模的随机生成算例

时，部分改进 MIP 模型才能够在“B&B”指标方面优于（完全）改进 MIP 模型（即加粗的数据），但是后者始终在求解时间方面（即“CPU”指标）优于前者，尤其是在求解大规模的随机生成算例时，后者通常能够在不到 2 分钟的时间便可获得问题的最优生产周期，而前者通常要花费至少 7 倍以上的时间才能获得问题的最优生产周期。此外，由上述表格最后一列给出的数据结果（即“CPU 比率”指标）可知，随着 n 和 K 取值（即调度问题规模）的不断增大，两种 MIP 模型求解随机算例所需要的时间也都随之变长，但是（完全）改进 MIP 模型似乎要比部分改进 MIP 模型更加高效。

表 8-6　随机生成算例 $b_i = a_i + U(0, 100)$ 计算时间对比结果

随机生成算例	部分改进 MIP 模型		（完全）改进 MIP 模型		CPU 比率
	B&B	CPU/s	B&B	CPU/s	
n=8，K=2	1514	0.58	1326	0.39	1.49
n=8，K=3	1773	0.93	1371	0.56	1.66
n=8，K=4	1203	0.95	1107	0.63	1.51
n=10，K=2	7833	3.73	5537	1.93	1.93
n=10，K=3	6206	5.13	4689	2.31	2.22
n=10，K=4	3334	3.80	2977	2.00	1.90
n=12，K=2	27397	12.52	21992	6.76	1.85
n=12，K=3	22239	16.30	15334	6.59	2.47
n=12，K=4	**10798**	10.58	16092	6.87	1.54
n=14，K=2	140203	82.14	79586	27.94	2.94
n=14，K=3	239951	177.27	154389	59.25	2.99
n=14，K=4	616542	722.49	261087	98.80	7.31

上述实验结论的理论分析如下：如前所述，以决策变量数量与建模约束数量两方面为衡量标准，不难看出，（完全）改进 MIP 模型要比部分改进 MIP 模型更加简洁、紧凑。换言之，与部分改进 MIP 模型相比，（完全）改进 MIP 模型由于建模紧凑通常在每个分支节点构造更小规模的线性规划子问题，以便于 CPLEX 能够在更短的时间内对其进行求解。因此，从求解时间方面（即表格中的“CPU”指标）看，（完全）改进 MIP 模型始终要比部分改进 MIP 模型更加高效，尽管前者在求解随机生成算例的过程中可能构造了比后者具有更大规模的分支定界树（即表格中的“B&B”指标）。综上所述，上述随机生成算例的各项测试结果验证了第 8.4.2 小节中各类型约束重建模与简化工作的有效性与合理性。

最后，与现有 MIP 获得的最优生产周期相比，表 8-7 给出了在每组生成的 20 个随机算例中，改进 MIP 模型能够为多少个算例提供具有更高生产效率（即更小生产周期）的调度方案。在此需要指出的是，表 8-7 中的数字“0”表示两种 MIP 模型为同一个随机算例提供了相同的最优生产周期方案。从表 8-7 给出的各项数据结果可以看出，改进 MIP 模型能够获得的具有更高生产效率的随机生成算例的数量与工件的柔性加工时间宽度（即柔性加工时间上下界值之差）大体上成反比，即工件的柔性加工时间宽度越小，改进 MIP 模型便能够为更多的随机生成算例提供具有更高生产效率的调度方案。上述实验结果理论分析如下：当工件的柔性加工时间宽度越大时，现有 MIP 模型就越有可能依据其柔性加工时间建模约束获得所求解问题的全局最优生产周期（注：改进 MIP 模型将会获得与其相同的最优生产周期）；反之，改进 MIP 模型就越有可能依据其跨周期建模约束获得所求解问题的全局最优生产周期，然而现有 MIP 模型就越有可能将某一个可行解识别为最优解。综上所述，上述各项测试结果验证了改进 MIP 模型的正确性以及现有 MIP 模型的不足与缺陷之处。

表 8-7　改进 MIP 模型求解随机算例获得的更小生产周期方案统计结果

随机生成算例	$b_i=a_i$	$b_i=a_i+U(0,50)$	$b_i=a_i+U(0,100)$
n=8, K=2	4	2	0
n=8, K=3	12	1	1
n=8, K=4	10	1	0
n=10, K=2	2	4	2
n=10, K=3	14	3	1
n=10, K=4	13	2	0
n=12, K=2	9	3	2
n=12, K=3	10	6	2
n=12, K=4	15	4	1
n=14, K=2	3	1	2
n=14, K=3	14	6	3
n=14, K=4	12	2	2

8.6　本章小结

本章节研究了柔性自动化制造单元多机器人周期性调度问题，并以现有 MIP 模型为基础提出了改进型的 MIP 模型。首先，本章报告了现有 MIP 模型不能保证为所研究的多机器人调度问题提供全局或者真正最优解。然后使用反例对上述研究发现进行了初步验证。其次，通过对多机器人调度问题以及现有 MIP 模型进行详细分析，在理论上指出了现有 MIP 模型由于采用“所有搬运作业必须在同一生产周期内开始和完成”这一假设前提为建模基础而导致无法保证所获得解的最优性。因此，为保证获得所研究问题的最优解，就必须对上述假设进行松弛，即允许机器人跨周期执行搬运作业（即允许搬运作业的开始时间和完成时间可以不在同一个生产周期内）。再次，以上述工作为基础，对现有 MIP 模型进行了重建模与改进工作并最终提出了改进型的 MIP 模型。最后，多个基准案例与大量随机生成算例的测试结果验证了改进 MIP 模型的正确性和有效性以及现有 MIP 模型的不足之处。

参 考 文 献

[1] ZANT P V. 芯片制造：半导体工艺制程实用教程[M]. 韩郑生，译. 6 版. 北京：电子工业出版社，2015.

[2] ALCAIDE D, CHU C, KATS V, et al. Cyclic multiple-robot scheduling with time-window constraints using a critical path approach [J]. European Journal of Operational Research, 2007, 177(1): 147–162.

[3] CHA A, ZHOU Z, CHU C, et al. Multi-degree cyclic hoist scheduling with time window constraints [J]. International Journal of Production Research, 2011, 49(19): 5679–5693.

[4] YAN P, CHE A, YANG N, et al. A tabu search algorithm with solution space partition and repairing procedure for cyclic robotic cell scheduling problem [J]. International Journal of Production Research, 2012, 50(22): 6403–6418.

[5] ZHOU Z, CHE A, YAN P. A mixed integer programming approach for multi-cyclic robotic flowshop scheduling with time window constraints [J]. Applied Mathematical Modeling, 2012, 36(8): 3621–3629.

[6] CHE A, CHU C. Cyclic hoist scheduling in large real-life electroplating lines [J]. OR Spectrum, 2007, 29(3): 445– 470.

[7] 周珍，车阿大. 自动化制造单元调度算法综述[J]. 计算机应用研究，2010，27(6):2001–2005.

[8] LIVSHIT E M, MIKHAILETSKY Z N, CHERVYAKOV E V. A scheduling problem in an automated flow time with an automated operator [J]. Computational Mathematics and Computerized Systems, 1974, 5:151–155.

[9] LEI L, WANG T. A proof: the cyclic hoist scheduling problem is NP-hard [R]. New Brunswick: Rutgers University, 1989.

[10] PHILLIPS L W, UNGER P S. Mathematical programming solution of a hoist scheduling program [J]. AIIE Transactions, 1976, 8(2): 219–225.

[11] KATS V, LEVNER E. Parametric algorithms for 2-cyclic robot scheduling with interval processing times [J]. Journal of Scheduling, 2011a, 14(3): 267–279.

[12] CHEN H, CHU C, PROTH J. Cyclic scheduling of a hoist with time window constraints [J]. IEEE Transaction on Robotics and Automation, 1998, 14(1): 144–152.

[13] CRAMA Y, KATS V, VAN DE KLUNDER J, et al. Cyclic scheduling in robotic flowshops [J]. Annals of Operations Research, 2000, 96(1~4): 97–124.

[14] SHAPIRO G, NUTTLE W. Hoist scheduling for a PCB electroplating facility [J]. IIE Transactions, 1988, 20(2): 157–167.

[15] LEI L, WANG T. Determining optimal cyclic hoist schedules in a single-hoist electroplating line [J]. IIE Transactions, 1994, 26(2): 25~33.

[16] NG W. Determining the optimal number of duplicated process tanks in a single-hoist circuit board production line [J]. Computers & Industrial Engineering, 1995, 28(4): 681–688.

[17] THESEN A, LEI L. An expert scheduling for material handing hoists [J]. Journal of Manufacturing Systems, 1990, 9(3):247–252.

[18] ARMSTRONG R, LEI L, GU S. A bounding scheme for deriving the minimal cycle time of a single-transporter N-stage process with time-window constraints [J]. European Journal of Operational Research, 1994, 78(1): 130–140.

[19] YAN P, CHU C, YANG N, et al. A branch-and-bound algorithm for optimal cyclic scheduling in a robotic cell with processing time windows [J]. International Journal of Production Research, 2010, 48(21): 6461–6480.

[20] LIM M J. A genetic algorithm for a single hoist scheduling in the printed-circuit-board electroplating line [J]. Computers & Industrial Engineering, 1997, 33(3-4): 789–792.

[21] 晏鹏宇，等. 具有柔性加工时间的机器人制造单元调度问题改进遗传算法[J]. 计算机集成制造系统,2010, 16(2): 404–410.

[22] 李鹏，车阿大. 基于混沌遗传算法的自动化生产单元调度方法研究[J]. 系统工程，2008,26(11):75–80.

[23] 田志锋，尚宏利，姚威. 自动化集成电镀生产线的生产调度问题[J]. 重庆理工大学学报（自然科学）, 2011, 25(6): 38–44.

[24] 王跃刚，车阿大.基于混合量子进化算法的自动化制造单元调度[J].计算机集成制造系统,2013, 19(9):2193–2201.

[25] LEI L. Determining the optimal starting times in a cyclic schedule with a given route [J]. Computers &Operations Research, 1993, 20(8): 807–816.

[26] NG W, LEUNG J. Determining the optimal move times for a given cyclic schedule of a material handling hoist [J]. Computers & Industrial Engineering, 1997, 32(3): 595–606.

[27] XU Q, HUANG Y. Graph-assisted cyclic hoist scheduling for environmentally benign electroplating [J]. Industrial and Engineering Chemistry Research, 2004, 43(26): 8307–8316.

[28] KUNTAY I, XU Q, UYGUN K, et al. Environmentally conscious hoist scheduling for electroplating facilities [J]. Chemical Engineering Communications, 2006, 193(3): 273–292.

[29] SUBAI C, BAPTISTE P, NIEL E. Scheduling issues for environmentally responsible manufacturing: the case of hoist scheduling in an electroplating line [J]. International Journal of Production Economics, 2006, 99(1–2): 74–87.

[30] FENG J, CHE A, WANG N. Bi-objective cyclic scheduling in a robotic cell with processing time windows and non-Euclidean travel times [J]. International Journal of Production Research, 2014, 52(9): 2505–2518.

[31] CHE A, FENG J, CHEN H, et al. Robust optimization for the cyclic hoist scheduling problem [J]. European Journal of Operational Research, 2015, 240: 627–636.

[32] FARGIER H, LAMOTHE J. Handling soft constraints in hoist scheduling problems: the fuzzy approach [J]. Engineering Applications of Artificial Intelligence, 2001, 14(3): 387–399.

[33] MAK R, GUPTA S, LAM K. Modeling of material handling hoist operations in a PCB manufacturing facility [J]. Journal of Electronics Manufacturing, 2002, 11(1): 33–50.

[34] JEGOU D, KIM D W, BAPTISTE P, et al. A contract net based intelligent agent system for solving the reactive hoist scheduling problem [J]. Expert Systems with Applications, 2006, 30(2): 156–167.

[35] SPACEK P, MANIER M A, MOUDNI A. Control of an electroplating line in the max and min algebras [J]. International Journal of Systems Science, 1999, 30(7): 759–778.

[36] KATS V, LEVNER E. A faster algorithm for 2-cyclic robotic scheduling with a fixed robot route and interval processing times [J]. European Journal of Operational Research, 2011b, 209(1): 51–56.

[37] LI X, FUNG R. A mixed integer linear programming solution for single hoist multi-degree cyclic scheduling with reentrance [J]. Engineering Optimization, 2014, 46(5): 704–723.

[38] LEI L, LIU Q. Optimal cyclic scheduling of a robotic processing line with two-product and time-window constraints [J]. INFOR, 2001, 39(2): 185–199.

[39] AMRAOUI A, MANIER A, MOUDNI A, et al. A mixed linear problem for a multi-part cyclic hoist scheduling problem [J]. International Journal Science and Techniques of Automatic & Computer Engineering, 2008, 11: 612–623.

[40] AMRAOUI A, MANIER A, MOUDNI A, et al. A linear optimization approach to the heterogeneous r-cyclic hoist scheduling problem [J]. Computers & Industrial Engineering, 2013a, 65(3): 360–369.

[41] ZHAO C, FU J, XU Q. Production-ratio oriented optimization for multi-recipe material handling via simultaneous hoist scheduling and production line arrangement [J]. Computers & Chemical Engineering, 2013, 50(5):28–38.

[42] AMRAOUI A, MANIER A, MOUDNI A, et al. A genetic algorithm approach for a single hoist scheduling problem with time windows constraints [J]. Engineering Applications of Artificial Intelligence, 2013b, 26(7): 1761–1771.

[43] KATS V, LEI L, LEVNER E. Minimizing the cycle time of multiple-product processing networks with a fixed operation sequence, setups, and time-window constraints [J]. European Journal of Operational Research, 2008, 187(3): 1196–1211.

[44] LIU J, JIANG Y, ZHOU Z. Cyclic scheduling of a single hoist in extended electroplating lines: a comprehensive integer programming solution [J]. IIE Transactions, 2002, 34(10): 905–914.

[45] ZHOU Z, LI L. Single hoist cyclic scheduling with multiple tanks: a material handling solution [J]. Computers & Operations Research, 2003, 30(6): 811–819.

[46] NG W. A Branch and bound algorithm for hoist scheduling of a circuit board production line [J].

International Journal of Flexible Manufacturing Systems, 1996, 8(1): 45–65.

[47] YIH Y. An algorithm for hoist scheduling problems [J]. International Journal of Production Research, 1994, 32(3): 501–516.

[48] LAMOTHE J, CORREGE M, DELMAS J. A dynamic heuristic for the real-time hoist scheduling problem [C]. Proceedings of 1995 INRIA/IEEE Symposium on Emerging Technologies and Factory Automation (ETFA), 1995, 2: 161–168.

[49] GE Y, YIH Y. Crane scheduling with time windows in circuit board production lines [J]. International Journal of Production Research, 1995, 33(5): 1187–1199.

[50] CHAIVET F, LEVNER E, MEYZIN L, et al. On-line scheduling in a surface treatment system [J]. European Journal of Operational Research, 2000, 120(2): 382–392.

[51] FLEURY G, GOURGAND M, LACOMME P. Metaheuristics for the stochastic hoist scheduling problem (SHSP) [J]. International Journal of Production Research, 2001, 39(15): 3419–3457.

[52] HINDI K, FLESZAR K. A constraint propagation heuristic for the single-hoist, multiple-products scheduling problem [J]. Computers & Industrial Engineering, 2004, 47(1): 91–101.

[53] PAUL H, BIERWIRTH C, KOPFER H. A heuristic scheduling procedure for multi-item hoist production lines [J]. International Journal of Production Economics, 2007, 105(1): 54–69.

[54] KUJAWSKI K, SWIATEK J. Electroplating production scheduling by cyclogram unfolding in dynamic hoist scheduling problem [J]. International Journal of Production Research, 2011, 49(17): 5355–5371.

[55] ZHAO C, FU J, XU Q. Real-time dynamic hoist scheduling for multistage material handling process under uncertainties [J]. AIChE Journal, 2013b, 59(2): 465–482.

[56] TAIN N, CHE A, FENG J. Real-time hoist scheduling for multistage material handling process under uncertainties [J]. AIChE Journal, 2013, 59(4): 1046–1048.

[57] YAN P, CHE A, CAI X, et al. Two-phase branch and bound algorithm for robotic cells rescheduling considering limited disturbance [J]. Computers & Operations Research, 2014, 50(10): 128–140.

[58] ZHANG Q, MANIER H, MANIER M A. A genetic algorithm with tabu search procedure for flexible job shop scheduling with transportation constraints and bounded processing times [J]. Computers & Operations Research, 2012, 39(7): 1713–1723.

[59] 车阿大，晏鹏宇，杨乃定. 复杂无等待自动化制造系统的调度算法研究[J]. 计算机集成制造系统，2007, 13(8): 1616–1623.

[60] LEI L, WANG T. The minimum common-cycle algorithm for cyclic scheduling of two material handling hoists with time window constraints [J]. Management Science, 1991, 37(12): 1629–1639.

[61] ARMSTRONG R, GU S, LEI L. A greedy algorithm to determine the number of transporters in a cyclic electroplating process [J]. IIE Transactions, 1996, 28(5): 347–355.

[62] RIERA D, YORKE N. An improved hybrid model for the generic hoist scheduling problem [J]. Annals of Operations Research, 2002, 115(1–4): 173–191.

[63] MANIER M A, LAMROUS S. An evolutionary approach for the design and scheduling of electroplating facilities [J]. Journal of Mathematical Modelling and Algorithm, 2008, 7(2): 197–215.

[64] ZHOU Z, LI L. A Solution for Cyclic Scheduling of multi-hoists without Overlapping [J]. Annals of Operations Research, 2009, 168(1): 5–21.

[65] VARNIER C, BACHELU A, BAPTISTE P. Resolution of the cyclic multi-hoists scheduling problem with overlapping partitions [J]. Information System and Operations Research (INFOR), 1997, 35(4): 309–324.

[66] MANIER M A, VARNIER C, BAPTISTE P. Constraint-based model for the cyclic multi-hoists scheduling problem [J]. Production Planning & Control, 2000, 11(3): 244–257.

[67] LEUGNG J, ZHANG G. Optimal cyclic scheduling for printed circuit board production lines with multiple hoists and general processing sequence [J]. IEEE Transactions on Robotics and Automation, 2003, 19(3): 480–484.

[68] JIANG Y, LIU J. A new model and an efficient branch and bound solution for cyclic multi-hoist scheduling [J]. IIE Transactions, 2014, 46(3): 249–262.

[69] LEUNG J, ZHANG G, YANG X, et al. Optimal cyclic multi-hoist scheduling: a mixed integer programming approach [J]. Operations Research, 2004, 52(6): 965–976.

[70] CHE A, CHU C. Single-track multi-hoist scheduling problem: a collision-free resolution based on a branch-and-bound approach [J]. International Journal of Production Research, 2004, 42(12): 2435–2456.

[71] ZHOU Z, LIU J. A heuristic algorithm for the two-hoist cyclic scheduling problem with overlapping hoist ranges [J]. IIE Transactions, 2008, 40(8): 782–794.

[72] CHTOUROU S, MANIER M A, LOUKIL T. A hybrid algorithm for the cyclic hoist scheduling problem with two transportation resources [J]. Computers & Industrial Engineering, 2013, 65(3): 426–437.

[73] BRAUNER N, FINKE G, KUBIAK W. Complexity of one cycle robotic flowshops[J]. Journal of Scheduling, 2003, 6(4):355–371.

[74] 宋强磊，车阿大. 量子进化算法在生产调度中的应用综述[J]. 计算机应用研究，2012，29(5):1601–1605.

[75] DEUTSCH D. Quantum theory, the church-turing principle and the universal quantum computer[J]. Proceeding of the Royal Society of London, 1985(1), 97–117.

[76] HEY T. Quantum computing: an introduction [J]. Computing & Control Engineering Journal, 1999, 10(3): 105–112.

[77]HAN K H, KIM J H. Quantum-inspired evolutionary algorithm for a class of combinatorial optimization [J]. IEEE Transactions on Evolutionary Computation, 2002, 6(6): 580–593.

[78] LI B, WANG L. A Hybrid quantum-inspired genetic algorithm for multi-objective flow shop scheduling [J]. IEEE Transactions on Systems, Man, and Cybernetics, Part B: Cybernetics, 2007, 37(3): 576–591.

[79] 李士勇，李盼池. 量子计算与量子优化算法[M]. 哈尔滨：哈尔滨工业大学出版社，2009.

[80] 黄力明，徐莹，于瑞琴. 改进的量子遗传算法及应用[J]. 计算机工程与设计，2009，30(8):1987-1990.

[81] 解平，李斌，庄镇泉. 一种新的混合量子进化算法[J]. 计算机科学，2008，35(2): 166–170.

[82] 王小芹，王万良，徐新黎. 一种求解 FlowShop 调度问题的混合量子进化算法[J]. 机电工程，2009，26(9): 5–8.

[83] 于艾清，郭平，顾幸生. 混合量子衍生进化算法及其在并行机拖期调度中的应用[J]. 华东理工大学学报（自然科学版），2009，35(1): 125–131.

[84] 高辉，徐光辉，王哲人. 改进量子进化算法及其在物流配送路径优化问题中的应用[J]. 控制理论与应用，2007，24(6): 969–972.

[85] YANG J, LI B, ZHUANG Z. Research of quantum genetic algorithm and its application in blind source separation [J]. Journal of Electronics (China), 2003, 20(1): 62–68.

[86] 傅家旗，叶春明，谢金华. 混合量子进化算法及其在 Flowshop 问题中的应用[J].计算机工程与应用，2008，40(20): 48–51.

[87] 陈辉，张家树，张超. 实数编码混沌量子遗传算法[J]. 控制与决策，2005，20(11): 1300–1303.

[88] 周传华，钱锋. 改进量子遗传算法及其应用[J]. 计算机应用，2008，28(2): 286–288.

[89] 陈有青，徐蔡星. 一种改进选择算子的遗传算法[J]. 计算机工程与应用，2008，44(2): 44–49.

[90] WOLPERT D, MACREADY W. No free lunch theorems for search [J]. Santa Fe Institute, 1995(2): 10.

[91] 俞洋，殷志锋，田亚菲.混合量子进化算法及其应用[J]. 计算机工程与应用，2006，42(28): 72–76.

[92]WANG L, WU H, TANG F, et al. A hybrid quantum-inspired genetic algorithm for Flow-shop scheduling[J]. Lecture Notes in Computer Science, 2005, 3645: 636–644.

[93] NIU Q, ZHOU T, MA S. A quantum-inspired immune algorithm for hybrid flow shop with makespan criterion [J]. Journal of Universal Computer Science, 2009, 15(4): 765–785.

[94] ZHENG T, YAMASHIRO M. Solving flow shop scheduling problems by quantum differential evolutionary algorithm [J]. International Journal of Advanced Manufacturing Technology, 2010, 49(5–8): 643–662.

[95] GU J, GU X, GU M. A novel parallel quantum genetic algorithm for stochastic job shop scheduling [J]. Journal of Mathematical Analysis and Applications, 2009, 35(2009): 63–81.

[96] GU J, GU M, CAO C, et al. A novel competitive co-evolutionary quantum genetic algorithm for stochastic job shop scheduling problem [J]. Computers & Operations Research, 2010, 37(5): 927–937.

[97] 赵燕伟，彭典军，张景玲，等. 有能力约束车辆路径问题的量子进化算法[J]. 系统工程理论与实践，2009，29(2): 159–168.

[98] 张景玲，赵燕伟，王海燕，等. 多车型动态需求车辆路径问题建模及优化[J]. 控制理论与应用，2010，3(16): 543–549.

[99] 黄志宇. 具有资源约束的项目调度问题中的量子进化算法[J]. 计算机集成制造系统，2009，9(15): 1780–1787.

[100] CHE A, WU P, CHU F, et al. Improved quantum-inspired evolutionary algorithm for large-size lane reservation [J]. IEEE Transactions on Systems, Man, and Cybernetics, 2015, 45(12):1–14.

[101] LAU T, CHUNG C, WONG K, et al. Quantum-inspired evolutionary algorithm approach for unit commitment [J]. IEEE Transactions on Power Systems, 2009, 24(3): 1503–1512.

[102] 王家林，夏立，吴正国，等. 采用量子遗传算法的电力系统 PMU 最优配置[J]. 高电压技术，2010，36(11): 2838–2842.

[103] LIAO C. A novel evolutionary algorithm for dynamic economic dispatch with energy saving and emission reduction in power system integrated wind power [J]. Energy, 2011, 36(2): 1018–1029.

[104] LU S, SUN C, LU Z. An improved quantum behaved particle swarm optimization method for short-term combined economic emission hydrothermal scheduling [J]. Energy Conversion and Management, 2010, 51(3): 561–571.

[105] ZHANG Z. Quantum-behaved particle swarm optimization algorithm for economic load dispatch of power system [J].Expert Systems with Applications, 2010, 37(2): 1800–1803.

[106] ZHAO Z, PENG X, PENG Y, et al. An effective constraint handling method in quantum-inspired evolutionary algorithm for knapsack problems [J]. WSEAS Transactions on Computers, 2006, 5(6): 1194–1199.

[107] ZHANG R, GAO H. Improved quantum evolutionary algorithm for combinatorial optimization problem [C]. 2007 International Conference on Machine Learning and Cybernetics (ICLMC), 6: 3501–3505.

[108] 申抒含，金炜东. 多进制概率角复合位编码量子进化算法[J]. 模式识别与人工智能，2005,18(6):657–663.

[109] 钱洁，郑建国. 二次背包问题的贪婪量子进化算法求解[J]. 计算机集成制造系统,2012,18(9):2004–2010.

[110] 张宗飞. 求解组合优化问题的改进型量子进化算法[J]. 计算机工程与设计，2010，31(17): 3891–3894.

[111] 胡运权. 运筹学[M]. 5 版. 北京：清华大学出版社，2018.

[112] HAN K H, KIM J H. Quantum-inspired evolutionary algorithms with a new termination criterion, H-gate and two-phase scheme [J]. IEEE Transactions on Evolutionary Computation, 2004, 8(2): 156–169.

[113] SRINIVAS M, PATNAIK L. Adaptive probabilities of crossover and mutation in genetic algorithm [J]. IEEE Transactions on Systems, Man, and Cybernetics, 1994, 24(4): 656–667.

[114] 倪百祥. 实用镀锌技术[M]. 北京：机械工业出版社，2010.

[115] YAN P, WANG G, CHE A, et al. Hybrid discrete differential evolution algorithm for biobjective cyclic hoist scheduling with reentrance[J].Computers & Operations Research,2016,76:155–166.

[116] MIETTINEN K. Nonlinear multiobjective optimization [M]. Boston: Kluwer Academic Publishers, 1999.

[117] LEVNER E, KATS V, LEVIT V. An improved algorithm for cyclic flowshop scheduling in a robotic cell [J]. European Journal of Operational Research, 1997, 97(3): 500–508.

[118] DEB K. Multi-objective optimization using evolutionary algorithms [M]. Chichester, Wiley, 2001.

[119] DEB K, PRATAP A, AGARWAL S, et al. A fast and elitist multiobjective genetic algorithm: NSGA-II [J]. IEEE Transactions on Evolutionary Computation, 2002, 6(2): 182–197.

[120] DETTMER R. Chaos and engineering [J]. IEE Review, 1993, 39 (5): 199–203.

[121] FENG J, CHU C, CHE A. Cyclic jobshop hoist scheduling with multi-capacity reentrant tanks and

time-window constraints [J].Computers & Industrial Engineering, 2018, 120:382–391.

[122] FENG J, CHE A, CHU C. Dynamic hoist scheduling problem with multi-capacity reentrant machines: A mixed integer programming approach [J].Computers & Industrial Engineering, 2015, 87:611–620.

[123] 卢开澄，卢华明. 图论及其应用[M]. 北京：清华大学出版社，1995.

[124] 李明哲，金俊，石瑞银，等. 图论及其算法[M]. 北京：机械工业出版社，2010.

[125] ELMI A, TOPALOGLU S. Scheduling multiple parts in hybrid flow shop robotic cells served by a single robot[J].International Journal of Computer Integrated Manufacturing,2014,27(12):1–16.

[126] WANG Z, ZHOU B, TRENTESAUX D, et al. Approximate optimal method for cyclic solutions in multi-robotic cell with processing time window[J].Robotics and Autonomous Systems, 2017, 98:307–316.

[127] ELMI A, TOPALOGLU S. Multi-degree cyclic flow shop robotic cell scheduling problem with multiple robots [J].International Journal of Computer Integrated Manufacturing, 2017, 30(8):805–821.

[128] ZHAO X, GUO X. An effective chemical reaction optimization for cyclic multi-type parts robotic cell scheduling problem with blocking[J].Journal of Intelligent and Fuzzy Systems,2018,35(3):3567–3579.

[129] GULTEKIN H, COBAN B, AKHLAGHI V. Cyclic scheduling of parts and robot moves in m-machine robotic cells [J]. Computers & Operations Research, 2018, 90:161–172.

[130] NEJAD M, SHAVARANI S, GUDEN H, et al. Process sequencing for a pick-and-place robot in a real-life flexible robotic cell [J]. International Journal of Advanced Manufacturing, 2019, 103(9-12):3613–3627.

[131] LIU S, KOZAN E. A hybrid metaheuristic algorithm to optimise a real-world robotic cell [J].Computers & Operations Research, 2017, 84:188–194.

[132] ELMI A, TOPALOGLU S. Cyclic job shop robotic cell scheduling problem: Ant colony optimization [J]. Computers & Industrial Engineering, 2017, 111:417–432.

[133] ZAHROUN W, KAMOUN H. Scheduling in robotic cells with time window constraints[J].European Journal of Industrial Engineering,2021,15(2):206–225.

[134] 杨煜俊，龙传泽，陶宇. 作业车间类型多机器人制造单元调度算法[J]. 计算机集成制造系统，2015，21(12): 3239–3248.

[135] WALLACE M, YORKE N. A new constraint programming model and solving for the cyclic hoist scheduling problem [J]. Constraints, 2020, 25(3-4):319–337.

[136] EMNA L, SID L, MANIER M A, et al. An adapted variable neighborhood search based algorithm for the cyclic multi-hoist design and scheduling problem [J]. Computers & Industrial Engineering, 2021, 157, Article Number, 107225.

